U0262699

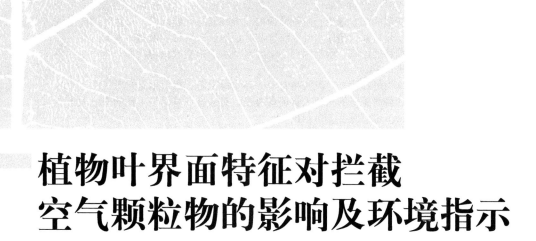

植物叶界面特征对拦截
空气颗粒物的影响及环境指示

石　辉　王会霞　著

科学出版社
北　京

内 容 简 介

　　植物叶面的润湿性是各种生境中常见的一种现象，表现了叶片对水的亲和能力；与润湿相对应的是不润湿——即斥水性。植物叶面的润湿性对滞留、吸附、过滤空气污染物、截留降水及植物感染病虫害均具有重要影响；同时植物的润湿性还为工程仿生设计或制造提供生物学信息。本书介绍了润湿的基本理论、植物叶面的润湿特征与影响因素、植物叶面润湿性时空变化特征、超斥水叶面特征与叶面的层次结构、植物叶界面特征对拦截颗粒物的影响、植物叶面润湿性对持水的影响及植物叶面对城市空气环境的指示等。

　　本书可作为高等院校植物学、环境科学与工程、生态学等相关专业的师生和科研院所的科研人员的参考书，对从事环境保护工作的专业人员和其他人员也有重要参考价值。

图书在版编目（CIP）数据

植物叶界面特征对拦截空气颗粒物的影响及环境指示 / 石辉，王会霞著 . —
北京：科学出版社，2022.3
　ISBN 978-7-03-071378-0

　Ⅰ.①植…　Ⅱ.①石…②王…　Ⅲ.①叶-影响-粒状污染物-污染防治-研究　Ⅳ.①X513

中国版本图书馆 CIP 数据核字（2022）第 020106 号

责任编辑：林　剑 / 责任校对：樊雅琼
责任印制：吴兆东 / 封面设计：无极书装

科学出版社 出版
北京东黄城根北街 16 号
邮政编码：100717
http://www.sciencep.com

北京建宏印刷有限公司 印刷
科学出版社发行　各地新华书店经销
*
2022 年 3 月第 一 版　开本：787×1092　1/16
2022 年 3 月第一次印刷　印张：11 1/4
字数：300 000
定价：178.00 元
（如有印装质量问题，我社负责调换）

前　言

　　空气污染是全球最大的环境健康风险，全球三分之一的脑卒中、肺癌和心脏病死亡都源于空气污染的暴露。在我国，社会经济快速发展的同时，也伴随着严重的空气污染，以PM$_{2.5}$为主要污染物的重污染天气频现，严重影响人民生活和健康。我国政府高度重视大气污染防治工作，紧盯重点区域、重点领域、重点时段，强化源头防治、标本兼治、全民共治，加快产业结构、能源结构、运输结构和用地结构优化调整，协同推动经济高质量发展和生态环境高水平保护，全力以赴推进环境空气质量持续改善，全力以赴打赢蓝天保卫战，让人民群众有更多的环境获得感、安全感和幸福感。

　　植被具有调节气候，吸收、拦截空气中各种污染物等生态系统服务功能，是具有自净功能的最大生态系统，可在防治大气颗粒物污染方面发挥重要作用。北京为了加强雾霾治理，曾开展了大规模的"植树造林，驱逐雾霾，打造绿色"活动。植被拦截颗粒物有叶面、单株、群落和生态系统等尺度，每个尺度上都是一种跨介质、跨界面的复杂过程。目前的研究主要集中在，利用单叶尺度上测定的单位叶面积滞尘量去评价植物的滞尘效果，以选择适宜的植物类型，以及合理的树种配置和空间营林管理，但对于叶气界面特征关注不足。从2008年开始，作者就致力于植物叶气界面特征的研究，以叶面的润湿性为切入点，研究了不同植被的叶面润湿性特征、季节变化及润湿性和斥水性（不润湿）对植物拦滞尘埃和截留降水的影响，并深入探讨了叶面润湿性及叶面特征指标作为空气质量指示的可行性。本书则是对这一方面工作的一个总结。

　　本书的第1章介绍了润湿的基本理论，第2章主要研究植物叶面的润湿特征与影响因素，第3章主要研究植物叶面润湿性的时间和空间变化特征，第4章探讨了超斥水叶面特征与叶面的层次结构，第5章研究了植物叶界面特征对拦截颗粒物的影响，第6章探讨了植物叶面润湿性对持水的影响，第7章探讨了植物叶面对城市空气环境的指示作用。本书内容均为笔者大量野外调研和实验室分析的第一手资料和研究成果，有重要学术和推广应用价值，可供从事生态环境保护、城市规划、园林建设及城市森林研究的科技工作者、技术人员参考。

　　笔者长期从事森林植被滞尘研究，负责或作为核心成员参加了原国家林业局的林业公益性行业科研专项"森林对PM$_{2.5}$等颗粒物的调控功能与技术研究"的第五课题"增强森

林滞留 $PM_{2.5}$ 等颗粒物的能力调控技术研究"、陕西省自然科学基础研究计划"降水和风对大气颗粒物在植物叶面沉降—再悬浮的影响"、住房和城乡建设部科技计划项目、陕西省教育科研计划等的研究工作。本书的研究成果受到了这些项目支持,特此表示感谢。笔者的研究生张雅静、杨佳、谢滨泽、刘剑华、左娜、郭若妍等在项目完成过程中做了大量的工作,一并表示感谢。对书中所引用文献资料的作者和单位,表示衷心的感谢。

由于笔者水平所限,书中难免存在不足,敬请各位同行专家、学者和广大读者批评指正!

石 辉 王会霞

2021 年 1 月 26 日于西安建筑科技大学

目　　录

润湿的基本理论

润湿是固体表面一种流体代替另一种流体的过程，一般所说的润湿主要指水在固体表面替代空气的过程（顾惕人等，1994）。植物叶面的润湿性是各种生境中常见的一种现象，表现了叶片对水的亲和能力；与润湿相对应的是不润湿——斥水性。植物叶面的润湿性对滞留、吸附、过滤空气污染物，截留降水及植物感染病虫害均具有重要影响；同时还为工程仿生设计或制造提供生物学信息（石辉等，2011a，2011b；Wang et al.，2013；Wang et al.，2015）。

1.1　表面与表面自由能

表面是指固体表层一个或数个原子层的区域。由于表面粒子（分子或原子）没有相邻的粒子，其物理性质和化学性质与固体内部明显不同。在稳定状态下，自然界的物质通常以气、液、固三相（形态）存在，任何两相或两相以上的物质共存时，会分别形成"气-液""气-固""液-液""液-固""固-固"乃至"气-液-固"多相界面，习惯上将"气-液""气-固"的界面称为表面。在物质的内部，由于粒子受到周边粒子的作用和影响，相互作用抵消，使得内部的能量最低；而在物质的表面，由于缺乏相邻粒子的作用，聚集了比物质内部的粒子更多的能量。表面能就是表面这种分子间化学键破坏的一种度量。

表面张力、表面过剩自由能是描述物体表面状态的物理量。表面层的液体分子都受到指向液体内部的引力作用，因此，要把液体分子从内部移至表面层中，必须克服这种引力做功，所做的功变成分子势能。这样，位于表面层内的液体分子，比起内部的液体分子，具有更大的势能。表面层中全部分子所具有的额外势能总和，称为表面能。表面能是内能的一种形式，液体的表面越大，具有较大势能的分子数越多，表面能就越大。

液体表面或固体表面分子与其内部分子的受力情形是不同的，因而所具有的能量也是不同的。以液体为例（图1-1），处在液体内部的分子，四周被同类分子所包围，受周围分子的引力是对称的，因而相互抵消，合力为零；处在液体表面的分子则不然，因为液相的分子密度远大于气相，致使合力不再为零，因而具有一定的量值且指向液体的内侧。由于这个拉力的存在，使得液体表面的分子，相对于液体内部分子处于较高能量态势，随时有向液体内部迁移的可能，处于一种不稳定的状态。液体表面分子受到的拉力形成了液体的表面张力，相对于液体内部所多余的能量，就是液体的表面过剩自由能。由于表面张力或表面过剩自由能的存在，在没有外力作用时，液体都具有自动收缩成为球形的趋势，这是因为在体积一定的几何形体中球体的表面能最小。系统处于稳定平衡时，势能最小。因此，一定质量的液体，其表面要尽可能收缩，使表面能最小。

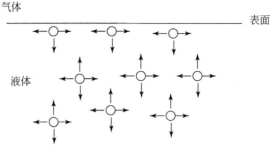

图 1-1 液体表面、内部分子的能量

1.1.1 液体的表面张力与表面自由能

为了使整体能量趋向最小,液体表面一般表现出收缩其表面积的倾向。由于在等体积(等质量)的液体中,球体的表面积最小,因此一般的雨滴、水滴、露珠等往往呈现为球状。液体的表面张力就是使液体表面积收缩的拉力,表现为液体表面任意两相相邻部分之间垂直于它们的单位长度分界线相互作用的拉力,单位为 N/m 或 mN/m。液体的表面张力作用点是在表面上,对于液体的弯曲面则为切线方向,最大的特点就是使表面收缩,其大小是单位长度上的力。

肥皂膜实验是经典的表面张力观测实验(图 1-2),当力达到平衡时,

$$f = \gamma \times 2L \tag{1-1}$$

式中,f 是外力;γ 为比例系数,称为表面张力系数,简称表面张力;"2"是因为液膜有厚度,有两个面;L 是长度。

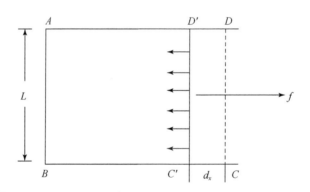

图 1-2 肥皂膜实验

当液膜在外力 f 作用下移动 d_x 距离,则做的功大小为 $\delta_w = fd_x$;对于可逆过程,$W = 2L\gamma d$。

在恒温恒压的可逆过程中,所做的功等于体系吉布斯自由能的增量,即

$$dG_{T,p} = \delta W_R = \gamma \times 2L d_x = \gamma dA \tag{1-2}$$

于是,

$$\gamma = \frac{\delta W_R}{dA} = \left(\frac{dG}{dA}\right)_{T,p} \tag{1-3}$$

从式（1-2）中可以看出，γ 为恒温恒压下增加单位表面积时体系吉布斯自由能的增量。因此，液体表面张力和表面自由能在数值上的相等，实质上体现了功和能的关系。单位之间存在 $J \cdot m^2 = N \cdot m/m^2 = N/m$ 转换关系。

物质本性是影响表面张力最主要的因素。在室温（20 ℃左右）条件下，水的表面张力为 72 mN/m、汞的表面张力为 470 mN/m，而大部分液体的表面张力在 20 ~ 40 mN/m。液态金属的表面张力都比较大，1131℃ 液态铜的表面张力可高达 1103 mN/m。一些在常温下为气态的元素，在低温下处于液态时，表面张力却很小，如温度为 4.3 K 时，液氦的表面张力仅有 0.098 mN/m，当温度为 90.2 K 时，液氢的表面张力为 0.2 mN/m。这种表面张力的差异，主要是由不同物质之间的分子作用力的不同所致。除物质的本性之外，温度和压力等也是影响液体表面张力的因素。一般随着温度的升高，大多数物质的表面张力下降，随着压力的增加而减小；同时液体中加入各物质会形成溶液从而对液体表面张力产生影响。

1.1.2 固体表面张力与表面自由能

液体表面在静止条件下呈现为光滑的表面，而固体表面因存在一定的粗糙度而表现出凹凸不平的情景。由于固体表面各种断键的存在，表面出现各种不完整性和不均匀性，而这种特性使得固体表面对分子的吸附存在着不同。

固体表面自由能（G_S）是恒温恒压条件下形成单位新固体表面所引起的自由能增量，可表示为

$$G_S = \left(\frac{\partial G}{\partial A}\right)_{T,p} \tag{1-4}$$

在固体形成新表面时，其表面张力（γ_S）是新产生的两个固体表面应力的平均值，即

$$\gamma_S = \frac{(\tau_1 + \tau_2)}{2} \tag{1-5}$$

式中，τ_1 和 τ_2 为两个新表面的表面应力，通常 $\tau_1 = \tau_2 = \gamma$。

在一定温度压力下形成固体表面面积为 A 时，体系的吉布斯函数增量为 $d(AG_S)$，它等于反抗表面张力所需的可逆功。

$$d(AG_S) = \gamma_S dA \tag{1-6}$$

或

$$AdG_S + G_S dA = \gamma_S dA \tag{1-7}$$

所以

$$\gamma_S = G_S + A\left(\frac{\partial G_S}{\partial A}\right) \tag{1-8}$$

这说明，固体的表面张力包括两个部分：一部分是表面能的贡献，它是由物质内部分子变成表面分子，新增的表面分子数目引起的吉布斯自由能的变化；另一部分是表面积所引起的自由能的变化。表面自由能也可以认为是材料表面相对于材料内部所多出的能量。

1.2 润湿现象与表征

在自然界经常可以发现，将水滴在玻璃板上，水滴可以迅速铺开；而如果是汞滴在玻璃板上，汞滴会呈现球状，如图1-3所示。一般将这种液体在分子力作用下沿固体表面铺展的现象叫润湿，它实质上是固体表面上的气体被液体所替代的过程。

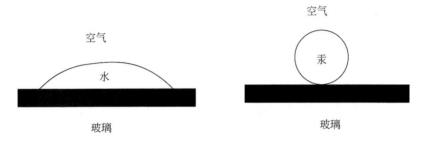

图1-3 水滴和汞滴在玻璃板上的铺展

1.2.1 润湿现象的分类

液体在固体表面的润湿现象可分为三类：沾湿、浸湿和铺展。

（1）沾湿

沾湿是液体与固体接触，将"气–液"界面和"气–固"界面变为"固–液"界面的过程，如图1-4所示。在沾湿过程中，新形成的"液–固"界面增加了自由能，而被取代的"气–液""气–固"界面减少了自由能。单位面积、恒温恒压条件下，其吉布斯自由能变化为：

$$\Delta G = \gamma_{LS} - \gamma_{GS} - \gamma_{GL} \tag{1-9}$$

式中，γ_{LS}、γ_{GS}、γ_{GL}分别表示"液–固""气–固"和"气–液"界面张力。并令$W_a = -\Delta G$，则

$$W_a = -\Delta G = \gamma_{GS} + \gamma_{GL} - \gamma_{LS} \tag{1-10}$$

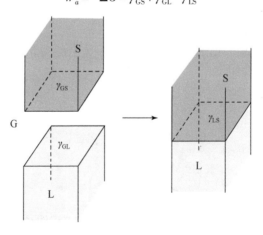

图1-4 沾湿过程示意图

注：S代表固体，G代表气体，L代表液体

式中，W_a 称为黏附功，是"固-液"沾湿时体系对环境所做的最大功。一般 W_a 愈大，所形成的"固-液"体系愈稳定，则黏附效果越好。农药能否附着在植物体上、附着的效果如何就是黏附问题。$W_a \geq 0$，则 $\Delta G \leq 0$，沾湿过程可自发进行。"固-液"界面张力总是小于它们各自的表面张力之和，这说明"固-液"接触时，其黏附功总是大于零。因此，不管什么液体和固体，沾湿过程总是可自发进行的。

（2）浸湿

浸湿是把固体浸没在液体中，"气-固"界面转化为"液-固"界面的过程，如图1-5所示。在浸湿过程中，液体表面在此过程中没有变化。所以，在恒温恒压条件下，如浸湿面积为单位面积，则该过程的吉布斯自由能变化为

$$\Delta G = \gamma_{LS} - \gamma_{GS} \tag{1-11}$$

或

$$W_i = -\Delta G = \gamma_{GS} - \gamma_{LS} \tag{1-12}$$

式中，W_i 称为浸湿功，$W_i > 0$ 是液体自动浸湿固体的条件；一般 W_i 愈大，则液体在固体表面上取代气体的能力越强。在润湿作用中，有时 W_i 又被称为黏附张力，用 A 来表示：

$$A = W_i = \gamma_{GS} - \gamma_{LS} \tag{1-13}$$

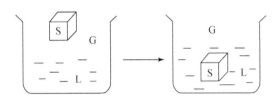

图1-5　浸湿过程示意图

在多孔介质上的浸湿过程就是常说的渗透过程，其核心是毛细现象。渗透过程的驱动力是由弯月面产生的附加压力（Δp）：

$$\Delta p = \frac{2\gamma_{GL}\cos\theta}{r} \tag{1-14}$$

式中，r 为毛细管半径；θ 为接触角；当 $0° \leq \theta \leq 90°$，Δp 向着气体方向，渗透可以自发地进行，如图1-6所示。

图1-6　渗透过程示意图

（3）铺展

铺展是液体在固体表面上扩展过程中，"固-液"界面代替"固-气"界面的同时，液体表面扩展的过程，体系还增加了同样面积的"气-液"界面，如图1-7所示。所以，在恒温恒压下，如果液体铺展了单位面积，则体系的吉布斯自由能变为

$$\Delta G = \gamma_{GL} + \gamma_{LS} - \gamma_{GS} \tag{1-15}$$

或

$$S = -\Delta G = \gamma_{GS} - \gamma_{GL} - \gamma_{LS} \tag{1-16}$$

式中，S 为铺展系数，$S>0$ 是液体在固体表面上自动展开的条件。当 $S>0$ 时，只要有足够的液体就会连续不断地从固体表面取代气体，直至铺展整个固体表面。

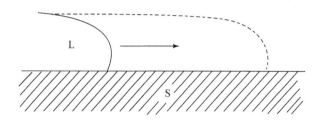

图1-7 液体在固体表面上的铺展

进一步分析可发现，$W_a>W_i>S$；故只要 $S>0$，即为能自动铺展的体系，其润湿过程皆能自发进行，因此常用铺展系数作为润湿体系的表征。

1.2.2 接触角与润湿方程

1.2.2.1 接触角与润湿性的关系

接触角是固、液、气三相交界处，自"固–液"界面经液体内部到"气–液"界面之间的夹角，通常以 θ 表示，是润湿性最为直接的一个表征指标，如图1-8所示。固体表面液滴接触角是固体、液体、气体交界面表面张力平衡的结果，光滑表面上处于稳定或亚稳定状态的液滴接触角服从 Young 方程（Young，1805）：

$$\gamma_{GS} = \gamma_{GL}\cos\theta + \gamma_{LS} \tag{1-17}$$

式中，γ_{GL}、γ_{GS}、γ_{LS} 分别为与液体的饱和蒸汽呈平衡时液体的表面自由能（表面张力）、固体的表面自由能（表面张力）、固液间的界面自由能（界面张力）；θ 为材料的本征接触角。

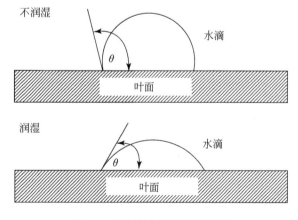

图1-8 接触角与润湿性的关系

将 Young 方程与 W_a、W_i 和 S 结合，则

$$W_a = \gamma_{GL}(\cos\theta + 1) \qquad (1\text{-}18)$$

$$A = W_i = \gamma_{GL}\cos\theta \qquad (1\text{-}19)$$

$$S = \gamma_{GL}(\cos\theta - 1) \qquad (1\text{-}20)$$

由此可以看出，只要测定了液体表面的张力 γ_{GL} 和接触角 θ，就可以计算出黏附功、黏附张力和铺展系数，从而判定给定温度、压力条件下的润湿情况。

当 $\theta \leqslant 180°$、$W_a \geqslant 0$ 时，沾湿自发进行；$\theta = 90°$、$A \geqslant 0$ 时，浸湿自发进行；$\theta = 0°$、$S \geqslant 0$ 时，铺展自发进行。

应用时，通常以 $90°$ 为界。$\theta > 90°$，不润湿；$\theta < 90°$，润湿；$\theta = 0°$，或不存在平衡接触角时，为铺展。

这说明了接触角可以作为固体表面润湿性的判断依据。对于渗透过程，结合 Young 方程则

$$\Delta p = \frac{2\gamma_{GL}\cos\theta}{r} = \frac{\gamma_{GS} - \gamma_{LS}}{r} \qquad (1\text{-}21)$$

式（1-21）说明，固体表面能越高，越有利于渗透进行；若 γ_{LS} 值小，即液体与固体相容性好，渗透过程也易进行。式（1-21）还表明，$\theta < 90°$ 渗透才能进行。在低能固体表面上，水的接触角大于 $90°$，使 Δp 值反号，即 Δp 方向指向液体内部，渗透不能自发进行。

1.2.2.2 接触角的测定

对于理想的平固体表面，当液滴在表面达平衡后，只有一个符合 Young 方程的接触角。但实际固体表面是非理想的，因而会出现滞后现象，致使接触角的测量往往很难重复。液滴角度测量法是测量接触角最常用的方法之一，如图 1-9 所示。该方法是将固体表面上的液滴，或将浸入液体中的固体表面上形成的气泡投影到屏幕上，然后直接测量切线与相界面的夹角，直接测量接触角的大小。

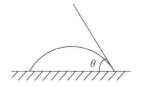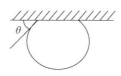

图 1-9　液滴角度测量法

如果液体蒸气在固体表面发生吸附，影响固体的表面自由能，则应把样品放入带有观察窗的密封箱中，待体系达平衡后再进行测定。量角法样品用量少，仪器简单，测量方便，准确度一般在 $\pm 1°$ 左右。

如果液滴很小，重力作用引起液滴的变形可以忽略不计，这时的液滴可认为是球形的一部分，如图 1-10 所示。接触角可通过测量液滴高度和液滴底的直径，按式（1-22）计算：

$$\tan\frac{\theta}{2} = \frac{2h}{d} \qquad (1\text{-}22)$$

式中，h 是液滴高度，d 是液滴底的直径。若液滴体积小于 $10 \sim 40\mu l$，此方法可用；若接触角小于 $90°$，则液滴稍大亦可应用。

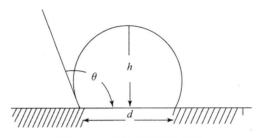

图 1-10　接触角计算示意图

实际固体表面几乎都是非理想的，或大或小总是会出现接触角滞后现象。对于液滴法，可用增减液滴体积的办法来测定。在叶片接触角测定过程中，不同的研究者所采用蒸馏水体积从 $0.2\ \mu l$ 到 $50\ \mu l$ 不等。对于针叶，叶表面积较小，一般采用较小的液滴测定；阔叶可以采用较大的液滴测定，但液滴过大，在重力的影响下疏水性表面的接触角会降低，亲水性的表面接触角变化不明显。大量研究表明，液滴体积为 $1 \sim 10\ \mu l$ 时所测定的接触角与液滴体积无关（Knoll and Schreiber，1998）。

1.2.3　接触角的前进和后退

接触角的数值与液体是在"干"的固体表面上前进时测量的，还是在"湿"的固体表面上后退时测量的有关。前者的测量值称为前进角，以 θ_a 表示；后者为后退角，以 θ_r 表示。例如，图 1-11 斜板法测接触角时，将板插入液体时，θ_a 将大于将板抽出时的 θ_r。又如图 1-11（a）中，若注射液体到液滴中使液滴增大，此时的接触角是前进角 θ_a，它将大于用注射器吸去液体使液滴缩小时的 θ_r，如图 1-11（b）。例如，金属–水–空气的前进角是 $95°$，而后退角只有 $37°$。

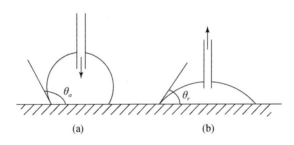

(a)　　　　　　　　　(b)

图 1-11　前进角与后退角

前进角与后退角不等的现象称为接触角滞后，通常总是前进角大于后退角（肖易航等，2019）。引起接触角滞后的原因有很多，其中最主要的原因有三个：不平衡状态、固体表面的粗糙性和不均匀性。

（1）不平衡状态

接触角的测定应该是在平衡状态下进行，也就是说，滴在固体表面上的液滴、固体及气体所组成的体系处于热力学平衡状态。但由于某些原因，体系达不到平衡状态，如高黏度液体在固体表面上就难以达到平衡态。

例如，将一小玻璃珠放在热的铁板上，让玻璃珠慢慢熔化并铺展在固体局部表面上，当停止铺展时的接触角即为前进角 θ_a。另外将同种玻璃粉放在热的铁板上使其熔化，此时熔化玻璃在铁板上收缩，当它停止收缩时的接触角为后退角 θ_r。实验结果是，当温度在 $1030 \sim 1225℃$ 时，玻璃的黏度为 $100 \ Pa \cdot s$，$\theta_a = \theta_r = 0° \sim 54°$。而温度降低，黏度增加，若高到 $200 \sim 1100 \ Pa \cdot s$，$\theta_r = 0$，即玻璃粉熔化后不能收缩，$\theta_a - \theta_r = 29° \sim 132°$。这是因为收缩时黏度太大，无法达到平衡，因而 θ_a 与 θ_r 不等。

（2）固体表面粗糙性

由于固体表面原子或分子的不可动性，固体表面总是高低不平，常用粗糙因子（又称粗糙度）r 来度量粗糙程度。r 的定义是固体的真实表面积与相同体积固体假想的平滑表面积之比，显然 $r \geq 1$。r 越大，表面越粗糙。将 Young 方程应用于粗糙表面的体系，若某种液体在粗糙表面上的表观接触角为 θ'，则有

$$r(\gamma_{GS} - \gamma_{LS}) = \gamma_{GL}\cos\theta' \tag{1-23}$$

式（1-23）称为 Wenzel 方程。

Wenzel 方程的重要性是它说明了表面粗糙化对接触角的影响。由 Wenzel 方程可知，由于 $r > 1$，粗糙表面的接触角余弦的绝对值总是大于在平滑表面上的。即

$$r = \frac{\cos\theta'}{\cos\theta} > 1 \tag{1-24}$$

式（1-24）表明：$\theta < 90°$ 时，$\theta' < 0$，即表面粗糙化使接触角变小，润湿性更好；$\theta > 90°$ 时，$\theta' > 0$，即表面粗糙化会使不润湿的体系更不润湿。

例如，在应用吊片法测定液体的表面张力时，为保证吊片与试样的良好润湿性，往往要将吊片打毛，使其表面粗糙化。又如水对光滑的石蜡表面的接触角为 $105° \sim 110°$，将石蜡表面粗糙化，会使 θ' 大于 $110°$，甚至可达 $140°$。

粗糙的固体表面给准确测定真实接触角带来困难，如图 1-12 所示。

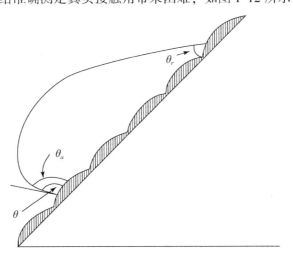

图 1-12　倾斜粗糙表面上液滴的接触角

由式（1-24）可以估计实验的误差，例如：当 $\theta=10°$ 时，若 $r=1.02$，则 $\theta-\theta'=5°$；当 $\theta=45°$ 时，则 $r=1.1$，$\theta-\theta'=5°$；当 $\theta=80°$ 时，则 $r=2$，$\theta-\theta'=5°$。

由此可见，接触角越小时，表面粗糙程度的影响越大，要得到准确的真实接触角，要特别注意表面要光滑。

（3）固体表面的不均匀性

固体表面不同程度的污染或多晶性等会形成不均匀表面。设固体表面分别是由物质 A 和物质 B 组成的复合表面，两者各占分数为 x_A 和 x_B。复合表面的接触角 θ 与纯 A 表面和纯 B 表面的接触角 θ_A 与 θ_B 之间的关系为

$$\gamma_{GL}\cos\theta = x_A(\gamma_{GS}-\gamma_{LS})A + x_B(\gamma_{GS}-\gamma_{LS})B \qquad (1-25)$$

或

$$\cos\theta = x_A\cos\theta_A + x_B\cos\theta_B \qquad (1-26)$$

式（1-25）与式（1-26）称为 Cassie 方程。

可见，污染是造成接触角滞后的重要原因。例如，水能在清洁的玻璃表面上铺展，而不能在被污染的玻璃表面上铺展。这种污染有时是由于气相中极少量物质在固体表面上吸附造成的。表 1-1 是因气相中组成的变化而引起水对金的接触角改变的数据。

表 1-1　25℃下，不同气相组成时水在金表面上的接触角

气相组成	$\theta_a(°)$	$\theta_r(°)$
水蒸气	7	0
水蒸气+空气（净化）	6	0
水蒸气+苯蒸气	84	82
水蒸气+空气（净化）+苯蒸气	86	83
水蒸气+实验室空气	65	30
水蒸气+室外空气	13	0

表面不均匀性引起接触角滞后，其原因是试液与固体表面上亲和力弱的部分的接触角是前进角。也就是说，前进角反映了液体与固体表面上亲和力弱部分的润湿性质；后退角则是反映了液体与亲和力强的那部分表面润湿性质。在以低能表面为主的不均匀表面上前进角的再现性好；以高能表面为主的不均匀表面上后退角的再现性好。往高能表面上掺入少量低能杂质，将使前进角显著增加而对后退角影响不大。反之，往低能表面上掺入少量高能杂质，会使后退角大大减小。图 1-13 是水在涂有 TiO_2 和十八烷基三甲基氯化铵单分子膜上所测得的前进角 θ_a 和后退角 θ_r 随 TiO_2 覆盖率变化的关系。这种复合表面是用 TiO_2 溶胶浸泡带有十八烷基三甲基铵单分子层的玻璃而成的。显然 TiO_2 形成的是亲水性强的高能表面，而十八烷基三甲基铵单分子层是亲水性弱的低能表面。图 1-13 表明，随 TiO_2 覆盖率增加，θ_r 从 40° 开始快速下降，当 TiO_2 覆盖率达到 0.85 时，θ_r 降至 0°。而前进角在 TiO_2 覆盖率从 0 增加到 0.6 时几乎没有变化，直到覆盖率达 0.80 以后才明显下降。这一实验结果表明，在 TiO_2 覆盖率达 0.6 时，前进角反映的是占覆盖率 0.4 的十八烷基三甲基铵单分子层的润湿性。

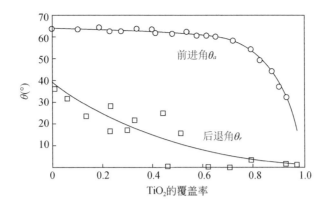

图 1-13 水在涂有 TiO_2 和十八烷基三甲基氯化铵复合表面上的接触角

Cassie 方程还可用于筛孔性物质（如金属筛、纺织品、有凸花的大分子物表面等）上润湿性质的研究。例如，纺织品是一种纤维的网状织物，如一块布料，x_n 为纤维孔隙面积分数，$\gamma_{GS}(B)$ 为 0，$\gamma_{LS}(B)$ 为 γ_{GL}。于是式（1-26）可改写成：

$$\cos\theta = x_A\cos\theta_A - x_B \qquad (1-27)$$

研究结果表明，水滴在筛网和织物上的表观接触角与式（1-27）相符。由式（1-27）可见，若要提高织物的防水性，则应降低纤维间孔隙的大小，把织物编织得紧密些。

综上所述，接触角与"固–液–气"三相物质的性质密切有关。此外，接触角也受温度的影响，但影响不大；一般随温度升高，接触角略有下降。

1.3 表观接触角与非光滑表面的润湿性

自然界中大多数生物表面都是非光滑表面，这种非光滑状态可以改变叶面的润湿性，其接触角是表面的非光滑结构与表面的疏水物质共同作用的结果。因此在考察表面的润湿性时，必须考虑表面的粗糙程度。Wenzel（1936）、Cassie 和 Baxter（1944）分别对润湿的 Young 方程进行了拓展，将液滴在固体表面的接触角和表面粗糙度进行了关联，使它们的适用范围更接近真实的表面。

1.3.1 Wenzel 模型

Wenzel（1936）认为，由于非光滑表面的存在，使得实际的液固接触面积要大于表观几何上观察到的面积，于是增加了疏水性（或亲水性），并假设液体始终能填满表面上的凹槽，如图 1-14 所示。在此基础上引入了表征固体表面平整程度的表面粗糙度系数 r（液固真实接触面积和表观接触面积的比率），修正了 Young 方程，描述了表面粗糙度对润湿性的影响。

$$\cos\theta_\omega = r\cos\theta \qquad (1-28)$$

式中，θ 是液体在光滑表面上的接触角；θ_ω 是在表面粗糙因子为 r 的同种固体上的接触角；r 是表面粗糙度系数。

对于粗糙表面，由于液固真实接触面积大于表观接触面积，因此 $r>1$。当 $\theta>90°$ 时，$\theta_\omega>\theta$，且 θ_ω 随 r 的增大而增大；当 $\theta<90°$ 时，$\theta_\omega<\theta$，且 θ_ω 随 r 的增大而减小。因此，固体表面粗糙性对润湿性的影响取决于该固体材料表面的固有润湿性。

图 1-14　Wenzel 模型示意图

1.3.2　Cassie-Baxter 模型

Cassie 和 Baxter（1944）认为，液滴在非光滑表面上的接触是一种复合接触。由于微小结构化的表面结构尺寸小于液滴的尺寸，当表面疏水性较强时，在疏水表面上的液滴并不能填满表面的凹槽，在液滴下方截留有空气存在，于是液固接触面是由"固-气"组成的复合表面（图 1-15）。Cassie 和 Baxter 从热力学角度分析得到了适合于任何复合表面接触的 Cassie-Baxter 方程：

$$\cos\theta=f_1\cos\theta_1+f_2\cos\theta_2 \tag{1-29}$$

式中，θ 为复合表面的表观接触角；θ_1、θ_2 分别为 2 种介质的本征接触角；f_1、f_2 分别为 2 种介质在表面的面积分数。当其中一种介质为空气时，液气接触角为 $180°$。

图 1-15　Cassie-Baxter 模型示意图

高疏水区域由于表面结构的疏水性使液滴不易侵入表面结构而截留空气产生气膜，有效计算参数只是"固-液"接触面上的固体表面所占的分数而不是粗糙度，当接触角 θ 接近 $180°$ 时，该区不适用于 Wenzel 模型。Wenzel 模型只适用于中等疏水区与中等亲水区。对于高亲水区也不符合 Wenzel 模型，可以用 Cassie 复合理论来解释。当表面具有微细结构且具有较好的亲水性能时，易产生吸液并在表面产生一层液膜，且不会将表面淹没，仍

有部分固体露于表面，液滴置于其上就会产生由液体和固体组成的复合接触面，相当于液体间接触角为 0°，此时有

$$\cos\theta = f_S\cos\theta_e + 1 - f_S \qquad (1\text{-}30)$$

式中，f_S 为复合接触面中固体的面积分数；θ_e 为本征接触角。

显然，f_S 越小，表观接触角越小。液滴的三相线受到表面固体和结构中液体的共同作用并非真正的圆形，而是处于铺展与吸液之间的一种状态（图 1-16）。

图 1-16　Cassie-Baxter 模型亲水表面液滴示意图

1.3.3　Wenzel 模型和 Cassie-Baxter 模型的转化

当液滴受到物理挤压时，"固-液"接触就会发生由 Cassie-Baxter 模型向 Wenzel 模型转化，该现象说明除了这两种模型之外，还有一种过渡态的发生，如图 1-17 所示。Patankar（2003）认为 Wenzel 模型和 Cassie-Baxter 模型提供了水滴在不同粗糙度表面上两种不同的能量状态，接触角小的代表体系较低的能量状态。如果能够克服能量位垒，就可实现两种接触模式间的相互转换。液滴在粗糙表面上的体系处于哪种模式与液滴在表面上的形成过程有关。从能量的角度看，固体材料表面粗糙度越大，Cassie-Baxter 模型和 Wenzel 模型间转化的能量位垒越高，Cassie-Baxter 模型就越稳定。Otten 和 Herminghaus（2004）认为：具有阶层结构的粗糙表面结构能够使任何表面变得不易润湿，但必须满足的一个条件是表面上的微凹槽能够使液体在其表面悬挂。事实上这是一种亚稳态的 Cassie-Baxter 状态，如果这种亚稳态形成规模效应，也就是从 Cassie-Baxter 模型到 Wenzel 模型的转变具有很高的能量位垒，就可以实现使亲水性材料表现出疏水性。

图 1-17　Wenzel 模型和 Cassie-Baxter 模型过渡态示意图

固体表面粗糙性对材料的润湿性具有重要的影响，其对表观接触角的影响取决于该固体材料表面的固有润湿性和表面的粗糙度。

1.4　固体表面自由能的估算

由 Young 方程可知，叶面的润湿性与固体表面自由能密切相关。但目前还不能直接测定固体的表面自由能，一般是通过测定接触角间接计算出固体表面自由能，计算方法主要有 Zisman 法、几何均值法（Owens 二液法）、算术均值法、酸碱法和一液法等。其中，几何均值法（Owens 二液法）和酸碱法计算简单，应用最多。

1.4.1　几何均值法（Owens 二液法）

Fowkes（1962）将表面自由能分为极性分量 γ^p 和色散分量 γ^d 两部分，即

$$\gamma = \gamma^d + \gamma^p \tag{1-31}$$

式中，γ^d 为表面自由能的色散分量；γ^p 为表面自由能的极性分量。如果认为"固—液"界面上只有色散力起作用，则

$$\gamma_{LS} = \gamma_S + \gamma_L - 2\sqrt{\gamma_S^d \gamma_L^d} \tag{1-32}$$

结合式（1-17）和（1-32），得：

$$\gamma_L(1+\cos\theta) = 2\sqrt{\gamma_S^d \gamma_L^d} \tag{1-33}$$

由于只考虑了色散作用，其应用受到很大限制，Owens 和 Wendt（1969）拓展了式（1-32），认为固液两相间的界面自由能 γ_{LS} 可以表示为色散分量与极性分量几何均值的函数：

$$\gamma_{LS} = \gamma_L + \gamma_S - 2\sqrt{\gamma_S^d \gamma_L^d} - 2\sqrt{\gamma_S^p \gamma_L^p} \tag{1-34}$$

式中，γ_S^d 和 γ_L^d 分别为固体和液体表面自由能的色散分量；γ_S^p 和 γ_L^p 分别为固体和液体表面自由能的极性分量。将式（1-17）和（1-34）合并，可得：

$$\gamma_L(1+\cos\theta) = 2\left(\sqrt{\gamma_L^p \gamma_S^p} + \sqrt{\gamma_L^d \gamma_S^d}\right) \tag{1-35}$$

因此，如果已知两种探测液（γ_L、γ_L^d、γ_L^p 已知）在固体表面所形成的接触角，即可根据式（1-35）计算得到固体表面自由能的色散分量（γ_S^d）和极性分量（γ_S^p），进而求出固体的表面自由能：$\gamma_S = \gamma_S^d + \gamma_S^p$。此种方法要求两种探测液一种为强极性另一种为非极性。如两种探测液均是可形成氢键的液体（如蒸馏水和甘油），则测出的 γ_S^p 偏高而 γ_S^d 和 γ_S 偏低。一般选择强极性的蒸馏水和非极性的二碘甲烷作为探测液，它们的表面自由能（γ_L）、极性分量（γ_L^p）和色散分量（γ_L^d）值见表 1-2。

表 1-2　探测液的表面自由能及其极性和色散分量

探测液	表面自由能（γ_L）（mJ/m²）	极性分量（γ_L^p）（mJ/m²）	色散分量（γ_L^d）（mJ/m²）
蒸馏水	72.8	51.0	21.8
二碘甲烷	50.8	2.3	48.5

1.4.2 酸碱法（van Oss 法）

根据 van Oss（1993）的观点，固体表面自由能可以表示为 Lifshitz-van der Waals 分量和酸碱作用分量之和，即

$$\gamma = \gamma^{LW} + \gamma^{AB} \tag{1-36}$$

式中，γ^{LW} 为 Lifshitz-van der Waals 分量，代表表面自由能中非极性相互作用，包括色散相互作用（London 力）、偶极-偶极相互作用（Keesom 力）和偶极-诱导偶极相互作用（Debye 力）；γ^{AB} 为酸碱作用分量，即电子给体-受体分量，代表表面自由能极性相互作用。γ^{AB} 分量又可分成电子受体分量 γ^+ 和电子给体分量 γ^-，三者之间的关系为

$$\gamma^{AB} = 2\sqrt{\gamma^+ \gamma^-} \tag{1-37}$$

结合式（1-17）和式（1-36）、式（1-37），可得：

$$\gamma_L(1+\cos\theta) = 2\left(\sqrt{\gamma_S^{LW}\gamma_L^{LW}} + \sqrt{\gamma_S^-\gamma_L^+} + \sqrt{\gamma_S^+\gamma_L^-}\right) \tag{1-38}$$

式中，γ_L^-、γ_S^- 分别为液体和固体表面自由能的碱性分量；γ_L^+、γ_S^+ 分别为液体和固体表面自由能的酸性分量。

根据式（1-38），如果已知 3 种参照液在固体表面所形成的接触角，即可计算得到固体表面的表面自由能分量 γ_S^{LW}、γ_S^+、γ_S^-，进而依据式（1-36）和（1-37）计算得到固体的表面自由能。可选择二碘甲烷、甲酰胺、蒸馏水、甘油和乙二醇作为探测液，他们的表面自由能（γ_L）、Lifshitz-van der Waals 分量（γ_L^{LW}）、酸性分量（γ_L^+）、碱性分量（γ_L^-）和酸碱作用分量（γ_L^{AB}）值见表 1-3。

表 1-3 探测液的表面自由能及其分量

探测液	表面自由能 （γ_L）（mJ/m²）	Lifshitz-van der Waals 分量 （γ_L^{LW}）（mJ/m²）	酸碱作用分量 （γ_L^{AB}）（mJ/m²）	酸性分量 （γ_L^+）（mJ/m²）	碱性分量 （γ_L^-）（mJ/m²）
二碘甲烷	50.8	50.8	0.0	0.0	0.0
甲酰胺	58.0	39.0	19.0	2.3	39.6
蒸馏水	72.8	21.8	51.0	25.5	25.5
甘油	64.0	34.0	30.0	3.9	57.4
乙二醇	48.0	29.0	19.0	1.9	47.0

1.5 固体润湿的性质与润湿热

1.5.1 低能表面与高能表面

从润湿方程来看，只有固体表面能足够大才可能被液体所润湿，要使接触角为零，则 γ_{GS} 必须等于或大于 γ_{LS} 与 γ_{GL} 之和。γ_{GS} 虽不易得到，但可以肯定 γ_{GS} 必须大于 γ_{GL} 才有被该

液体润湿的可能。一般常用液体的表面张力都在 100 mN/M 以下，便以此为界将固体分为两类：一类是高能表面，其表面能高于 100 mN/M 的固体；另一类是低能表面，其表面能低于 100 mN/M 的固体。

一般无机固体，如金属及其氧化物、硫化物、卤化物及各种无机盐的表面能在 200 ~ 5000 mJ/m² 范围，属高能表面。它们与一般液体接触后，体系自由能有较大的降低，能为这些液体所润湿。

一般有机固体和高聚物，其表面能与一般的液体大致相当，甚至更低，属于低能表面。这类固体表面的润湿性质随固液两相组成与性质不同而有很大不同。

1.5.2 低能表面的润湿性质

Zisman（1964）首先发现，液体同系物在同一固体表面上的接触角随表面张力降低而变小，若以 $\cos\theta$ 对液体表面张力作图，可得一直线，如图 1-18（a）所示，将直线外延到 $\cos\theta=1$ 处，所对应的液体表面张力值称为临界表面张力，以 γ_e 表示。如果非同系物，得到的往往是较离散的点，但大致成直线或分布于窄带之中。将此带外延与 $\cos\theta=1$ 线相交，相应的液体表面张力下限值即为 γ_e 值，如图 1-18（b）所示。临界表面张力 γ_e 是表征固体表面润湿性的经验参数。γ_e 值越低，能在此固体表面上铺展的液体越少，其可润湿性便越差。反之，γ_e 值越大，在此固体表面上能铺展的液体越多，该固体表面的可润湿性就越好。

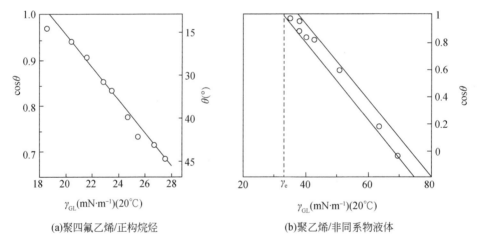

(a)聚四氟乙烯/正构烷烃　　　　　　　(b)聚乙烯/非同系物液体

图 1-18　Zisman 图与 γ_e 值

表 1-4 列出了一些低能固体表面物质的 γ_e 值。由表可见，高分子物固体的润湿性质与其分子中的元素组成有关。在碳氢链中含有其他杂原子时，高聚物的润湿性明显改变。如加入氟原子使 γ_e 变小，润湿性降低，而其他原子则使 γ_e 升高，润湿性增加。各种杂原子增加固体可润湿性的能力大致次序如下：F<H<Cl<Br<I<O<N。一般地，杂原子越多，效果越明显。

表 1-4 中单分子层的数据表明，在一些高能表面（如在金属或玻璃）上，覆盖表面活

性剂的单分子层后，显示出低能表面性质，说明固体的润湿性质取决于单分子层。

表 1-4　部分高聚物、有机固体和单分子层的 γ_e 值（20℃）

固体表面		γ_e(mN/M)
聚合物	聚四氟乙烯	18
	聚三氟乙烯	22
	聚二（偏）氟乙烯	25
	聚一氟乙烯	28
	聚三氟氯乙烯	31
	聚苯乙烯	33
	聚乙烯醇	37
	聚甲基丙烯酸甲酯	39
	聚氯乙烯	39
	聚酯	43
	尼龙-66	46
	纤维素及其衍生物	40~45
有机固体	正三十六烷	22
	石蜡	26
	萘	26
	季戊四醇四硝酸酯	40
单分子层	全氟月桂酸	6
	全氟丁酸	9.2
	十八胺	22
	硬脂酸	24
	α-戊基十四酸	26
	α-乙基己酸	29
	三硝基丁酸	43
	苯甲酸	53
	α-萘甲酸	58

进一步的研究还发现，化学结构相似的表面有相近的临界表面张力，或者说一定的表面基团组成有对应的 γ_e 值，如表 1-5 所示。

表 1-5　固体表面不同基团的 γ_e 值（20℃）

基团	γ_e(mN/m)
—CF₃	6
—CF₂H	15
—CF₂—CF₂—	17

基团	γ_c(mN/m)
—CF$_2$—	18
H—CF$_2$—CF$_2$—	22
—CF$_2$—CH$_2$—	25
—CFH—CH$_2$—	28
—CH$_3$（晶体）	20～22
—CH$_3$（单层）	22～24
—CH$_2$—	31
—CH$_2$—，=CH—	33
—CH=（苯环中）	35
—CClH—CH$_2$—	39
—CCl$_2$—CH$_2$—	40
=CCl$_2$	43
—CH$_2$ONO$_2$（结晶，110 面）	40
—CH$_2$ONO$_2$（结晶，101 面）	45

1.5.3　高能表面上的自憎现象

原则上，高能表面能被一般的液体所铺展，如水和油类液体滴在干净的玻璃或金属表面上是铺展的；但也有一些低表面张力的有机液体在金属或金属氧化物等高能表面上却不能自动铺展，从而形成有相当大接触角的液滴，如表 1-6 所示。究其原因，这类有机液体物质，大多是两亲性分子，以极性基向着高能表面，非极性基向外的方式形成定向排列的吸附膜，于是高能表面变成了低能表面。当这种低能表面的临界张力 γ_c 比这些液体自身的表面张力还要低时，这些液体便不能在自身的吸附膜上铺展。这种现象称为自憎现象。

表 1-6　一些有机液体在高能表面上的接触角（20℃）

液体	γ_{GL}(mN/m)	$\theta(°)$			
		钢	白金	石英	α-氧化铝
辛醇-1	27.8	35	42	42	42
辛醇-2	26.7	14	29	30	26
2-丁基-1-戊醇	26.7	25	20	26	19
α-丁基-1-戊醇	26.1	—	7	20	7
正辛醇	29.2	34	42	32	43
2-乙基乙酸	27.8	<5	11	7	12
磷酸三邻甲酚酯	40.9	—	7	14	18
磷酸三邻氯苯酯	45.8	—	7	9	21

植物叶界面特征对拦截空气颗粒物的影响及环境指示

1.5.4 表面活性剂对固体表面润湿性的影响

表面活性剂对固体表面润湿性的影响取决于表面活性剂分子在固液界面上定向吸附的状态和吸附量。例如，云母片是高能表面，将云母片插入阴离子型表面活性剂月桂酸钾水溶液中，随着溶液浓度增加到接近临界胶束浓度（critical micelle concentration，CMC）时，云母片表面变为疏水表面，水在其上不能铺展。但当浓度大于 CMC 以后，云母片表面又变为亲水的了，水又可在其上铺展。这是因为浓度低于在 CMC 时，形成头基朝云母片，尾基向着水的低能疏水表面；浓度超过 CMC 以后，月桂酸阴离子的碳氢链通过疏水吸附，头向着水，尾向着云母片，在云母片上形成双分子吸附膜，于是表面又成为亲水的了，因而水在其上又能铺展了。月桂酸钾水溶液在硅石上的吸附则不同，吸附状态与月桂酸钾水溶液的浓度无关，硅石表面一直是亲水性的。这是因为月桂酸阴离子是疏水基以范德瓦耳斯力定向吸附于硅石的固体表面，以亲水的阴离子向外，这种吸附态不可能再形成双分子吸附层。

对阳离子型表面活性剂，如十二烷基三甲基溴化铵，无论是对云母片，还是对硅石，其润湿现象都表现为：最初表面呈现亲水性，而高于某浓度时则变为疏水性表面，此时表面活性阳离子头基向着固体表面，尾向着水；浓度再升高时又转变为亲水性，此时由于表面活性剂的疏水相互作用，形成双分子吸附层。

1.5.5 润湿热

当干净的固体表面被液体所润湿时，通常是放热的，这种热称为润湿热或浸润热，其单位为 mJ/m^2。浸湿过程是固气界面被固液界面取代的过程，其单位表面吉布斯函数变化为

$$\Delta G_i = \gamma_{LS} - \gamma_{GS} = \gamma_{GL}\cos\theta = \Delta H_i - T\left(\frac{\partial G_i}{\partial T}\right) \tag{1-39}$$

浸湿过程单位表面的浸润热 Q_i 即为其焓变。

$$Q_i = \Delta H_i = H_{LS} - H_{GS} = \Delta G_i + T\Delta S_i = \gamma_{LS} - \gamma_{GS} - T\left(\frac{\partial \Delta G_i}{\partial T}\right)_p \tag{1-40}$$

$$\begin{aligned}
-Q_i &= \gamma_{GS} - \gamma_{LS} + T\left(\frac{\partial \Delta G_i}{\partial T}\right)_p \\
&= -\gamma_{GL}\cos\theta + \left[T\left(\gamma_{GL}\frac{\partial\cos\theta}{\partial T}\right)_p + T\cos\theta\left(\frac{\partial\gamma_{GL}}{\partial T}\right)_p\right]
\end{aligned} \tag{1-41}$$

或

$$-Q_i = \left[-\gamma_{GL} + T\left(\frac{\partial\gamma_{GL}}{\partial T}\right)_p\right]\cos\theta + T\gamma_{GL}\left(\frac{\partial\cos\theta}{\partial T}\right)_p \tag{1-42}$$

因此，只要知道液体的表面张力和其温度系数以及接触角及其温度系数，就可求出润湿热。若 θ 角在 90° 附近时，上式中右边第二项起决定作用。图 1-19 是聚四氟乙烯与正构烷烃润湿热的比较。

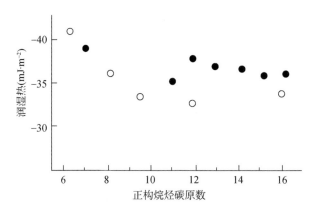

图 1-19　聚四氟乙烯与正构烷烃的润湿热

○代表量热法；●代表接触角法

润湿热主要用精密热量计直接测量。表 1-7 是一些固体粉末 25℃时的润湿热实验结果。极性固体（如 TiO$_2$、SiO$_2$ 和 Al$_2$O$_3$）在极性液体中（如水、乙醇）比在非极性液体中（如四氯化碳、正己烷）的润湿热大；非极性固体如聚四氟乙烯的润湿热较小，但相对而言，在非极性液体中比在极性液体中的大些。炭类固体表面的润湿热情况较复杂，这类固体表面有极性部分，也有非极性部分，随处理条件不同，各部分占表面分数不同，润湿性不同，因而润湿热也不同。

表 1-7　25℃时的润湿热（$-Q_i$）实验结果　　　（单位：mJ/m^2）

固体	水	乙醇	正丁胺	四氯化碳	正己烷
TiO$_2$（金红石）	550	440	330	240	135
Al$_2$O$_3$	400 ~ 600	—	—	—	100
SiO$_2$	400 ~ 600	—	—	270	100
Graphon	32.2	100	106	—	103
聚四氟乙烯	6	—	—	—	47

1.6　润　湿　剂

能促使液体润湿固体或加速液体润湿固体的表面活性剂称为润湿剂，但在具体的实际应用中，又有不同名称。例如，能促使液体渗透入纤维或孔性固体内的表面活性剂称为渗透剂，使固体粉末（如颜料等）稳定地分散于液体介质中的表面活性剂称为分散剂，如纺织中的匀染剂等。这些都是广义的润湿剂。润湿剂能改善润湿作用，其原因是它能降低液体的表面张力和固液界面张力，据润湿方程可以定性判断接触角会变小，从而改善润湿性能。

能作润湿剂的大多是阴离子型和非离子型表面活性剂，而很少用阳离子型表面活性剂。这是因为大多数固体（如不溶性金属、非金属氧化物、天然纤维等）在中性水甚至弱酸性水中表面常常带负电荷，表面活性阳离子与表面强烈的电性作用，往往使得表面活性剂尾端向着水而变成疏水表面。然而，有时希望表面转化为憎水性的，这个过程被称为反润湿转化，需要用到阳离子型表面活性剂，如氯代十二烷基吡啶。

用作润湿剂的阴离子型表面活性剂，其分子结构有如下特点。

1）疏水基支链化程度高，极性基位于分子中部，有利于提高润湿能力。表 1-8 列出几种分子量相同而结构不同的烷基琥珀酸酯磺酸钠 Draves 法实验结果。

表 1-8　几种表面活性剂的润湿时间（Draves 法）

表面活性剂	含量（%）	润湿时间（s）
$C_{11}H_{29}CH(SO_3Na)COOCH_3$	0.1	25
$C_{10}H_{21}CH(SO_3Na)COOC_5H_{11}$	0.1	1.6
$C_7H_{15}CH(SO_3Na)COOC_8H_{17}$	0.1	1.5
$C_7H_{15}CH(SO_3Na)COOCH_3C_6H_{13}$	0.1	1.3
$C_7H_{15}CH(SO_3Na)COOCH_2CHC_2H_5C_4H_9$	0.1	0.0

Draves 法实验是在一定温度下将一定质量的纤维或纺织品（或多孔性固体，或固体粉末）放在指定浓度和电解质组成的表面活性剂溶液中，测定完全润湿所需时间。所需时间越短，润湿性越好。这是因为纤维或多孔固体在与表面活性剂溶液接触时，在有限时间内难以达到吸附平衡和润湿平衡，故常用这种动态、润湿实验判别性质。这是衡量润湿程度的一种操作简单、方便的相对方法。由表 1-8 中数据可知，—SO_3Na 位于分子中间位置和碳氢链分支多的润湿性能好。这一方面是因为润湿性质与溶液表面张力关系大致是同步的，即能使溶液表面张力下降得多的表面活性剂，也有较好的润湿能力；另一方面，极性基靠近分子中间部位的比其在分子端点的扩散要快些，动态润湿性好些。

2）直链的表面活性剂，浓度很低时碳氢链较长的化合物比较短的能更好地改善润湿作用，这可能是前者的 γ_{CMC} 低一些的原因；但浓度高时，短链的润湿更有效。Draves 法实验表明，润湿时间在化合物链长适中时有最小值。

3）在分子中引入第二个亲水性离子基或亲水基团，一般对润湿不利。

常用的阴离子型润湿剂有：烷基硫酸盐（$ROSO_3$，M），如十二烷基硫酸钠；烷基磺酸盐和烷基苯磺酸盐；二烷基琥珀酸酯磺酸盐，如琥珀酸二异辛酯磺酸钠[①]；烷基酚聚氧乙（丙）烯醚琥珀酸半酯酸盐；烷基萘磺酸盐，如二丁基萘磺酸钠[②]；脂肪酸或脂肪酸酯硫酸盐，如硫酸化蓖麻油[③]；此外还有羧酸皂、磷酸酯；等等。

非离子型表面活性剂有：含有适当数目的聚氧乙烯脂肪醇、硫醇、烷基酚等，如润湿（渗透）剂仲辛酸聚氧乙烯醚（JFC），通式为 RO—$(CH_2CH_2O)_nH$，R 为 $C_8 \sim C_{10}$ 的烷基，$n=6\sim8$，具有耐酸、耐碱、耐硬水、稳定好、能与其他类型表面活性剂复配等优点；壬

———————————

① 商品名为 AOT。
② 商品名为拉开粉。
③ 商品名为土耳其红油。

基酚（或辛基酚）聚氧乙烯醚的氧乙烯基数目为 3～4 时润湿性能最好。此外，聚氧乙烯氧丙烯嵌段共聚物、山梨糖醇（聚氧乙烯）脂肪酸酯、聚氧乙烯脂肪酸酯、聚乙烯吡咯烷酮等，结构适当时也可作润湿剂。

以上都是以水为溶剂的润湿剂，在有机介质中多用高分子类表面活性剂作润湿剂。

1.7　植物叶面润湿性研究的生态学意义

1.7.1　植物叶面润湿性对光合速率的影响

光合作用是生态系统物质和能量流动研究、生产力形成机制与调控研究及全球碳平衡研究工作中的关键环节。叶片是植物进行光合作用的主要器官，Stahl 提出叶面上的露水可能会抑制植物晨间的蒸腾作用的论断。Stone 则提出相反的看法，他认为叶面上的露水对植物的蒸腾作用具有促进作用。1989 年，Smith 和 McClean 发现，在多雾的地区，叶片上润湿的一层水膜对植物的光合作用有重要影响（Smith and McClean，1989）。之后，研究者针对叶面水对光合作用的影响进行了一些深入研究。

叶面润湿性影响叶片的光合作用主要是由于光合气体 CO_2 在水中的扩散速率是空气中的万分之一（Nobel，1991）。许多陆生植物在生育期内经常遇到雨、雾、露等润湿叶片的过程，植物叶片的斥水性可能是植物从水生环境到陆生环境进化过程的一个重要途径（Smith and McClean，1989）。高的 CO_2 扩散阻力对于水生植物的浮水叶片进化可能是非常重要的，与沉水叶片相比，浮水叶片具有明显高的光合速率（Madsen and Sand-Jensen，1991）。由于在昼夜温差和湿度较大的环境中，露水的形成是非常普遍的，因此浮水植物和挺水植物的光合速率可能对叶片的润湿性更为敏感。睡莲（*Nuphar polysepalum*）叶片有一部分是浮于水面，另一部分是挺出水面。尽管叶面含有蜡质，但对水分都是润湿的，具有高的持水能力。对于大液滴有小的持留能力，这些液滴在叶子表面凝聚成球，在叶子表面呈斑块状分布，在风和其他作用的影响下离开叶面；雾和露水形成小的水滴覆盖于叶片表面，对叶面正背面气孔的影响差异不显著。与浮水叶片相比，挺水叶片的两面都覆盖了一层水膜，在遮荫处的叶面上的水膜可持续长达 1000 小时。一个小的水滴可以覆盖 $25mm^2$ 的区域，其中包含 15 000 个气孔，从而导致睡莲叶片随着润湿过程而光合速率降低，同时叶片在表面干燥后迅速恢复到原来的水平，这与其他的亚高山植被是一致的（Brewer and Smith，1995）。由于润湿的叶面干燥之后光合速率能够迅速恢复为原来的水平，因此不像由于气孔开张、关闭导致的光合速率降低。由于润湿导致光合速率降低的主要原因是气孔被水分包裹增大了 CO_2 的扩散阻力。因此，降水、露和雾对润湿的睡莲叶光合气体交换有重要影响。在亚高山环境，露水和雾一直可持续到整个早晨，而在这个时间段的植物水分状况和环境条件更适合光合作用，由此以来，露和雾对光合的影响就表现出显著的差异。Hanba 等（2004）研究发现，在人工影响湿度情况下疏水性的菜豆（*Phaseolus vulgaris* L.）叶片对 CO_2 的吸收速率增加 28%，而亲水性的豌豆（*Pisum sativum* L.）对 CO_2 的吸收速率则降低至 22%。这主要是由于易润湿的菜豆叶面所持留的水分进入叶肉细胞造成光合器官的阻塞，叶面覆盖的水膜限制了光合气体的扩散。Brewer 和 Smith（1994）研究了模拟露水对不同品系大豆光合速率的影响，发现叶面露水均造成叶片光合速率的降低。叶面密被绒毛的物种虽然具有大的接触角但其表面的持水量最大，当向叶面喷水时，水分在叶面凝聚成球状，与叶面的接触面积小，对光合作用的影响也较小；易润湿的叶面，水分呈水膜或斑块状，与叶面的接触面积大，被水覆盖的气孔相对较多，CO_2 大的扩散阻力导致了光合速率的下降。

1.7.2　植物叶润湿性对环境污染的响应

植物叶片在改善空气质量方面具有重要的作用，同时大气污染产生的各种污染物沉降在植物表面，将会对叶片造成损伤，影响叶面的润湿性，同时也影响其生态功能（曹洪法，1990；Honour et al.，2009；王会霞等，2011）。

Cape 等（1989）研究了欧洲退化和健康的欧洲云杉 [Picea abies（L.）H. Karst.] 及欧洲赤松（Pinus sylvestris L.），指出整株暴露于环境中的植株更能反映环境状况，特别是欧洲云杉与空气污染等环境因子的关系更为密切；接触角等叶面特征结合长期环境影响因子，可以作为一个地区森林退化风险的评价工具。Percy 和 Baker（1988）研究了暴露于酸雨之中的菜豆、蚕豆（Vicia faba L.）、豌豆和欧洲油菜（Brassica napus L.）的叶子从萌发到全部展开时段的特征，发现所有的叶子接触角在低的 pH 下要小于高 pH，其中的一个可能原因是酸雨降低了叶面的粗糙率；同时改变了叶面的蜡质结构和表皮膜的特性，从而导致离子吸收通道的改变。Adams 和 Hutchinson（1987）研究了暴露于酸雨中的野甘蓝（Brassica oleracea L.）、甜菜（Beta vulgaris L.）、萝卜（Raphanus sativus L.）和向日葵（Helianthus annuus L.）叶片特征，发现叶面接触角较小的萝卜和向日葵叶片截留酸雨的 pH 升高，而不易润湿的野甘蓝和甜菜叶片则表现出相反的趋势。易润湿的向日葵和萝卜更易受酸雨的影响，酸雨胁迫加速了叶片表面营养物质的流失。Percy 和 Baker（1987）研究了不同模拟酸雨影响下的菜豆、蚕豆、豌豆和欧洲油菜的叶子从萌芽到全部展开的叶面特征，发现叶面可见伤害对于不易润湿的叶片更明显。叶面蜡质含量、形态和化学组成均受酸雨的影响，在酸雨影响下，不易润湿的豌豆和欧洲油菜叶面上盘状和管状蜡质增多。同时，所有物种的表皮膜厚度在 pH 为 4.2 时较 pH 为 5.6 时降低 28% ~ 35%。Takamatsu 等（2001）比较研究了日本退化和健康的日本柳杉 [Cryptomeria japonica（Thunb. ex L. f.）D. Don] 的叶面特征，发现暴露于污染环境中的日本柳杉叶面沉积有大量的颗粒污染物质，这些颗粒物质与叶面发生相互作用加速了叶面表皮蜡质的破坏，从而导致润湿性的增加，加速了叶面水分散失和营养物质的流失。Pal 等（2002）研究了不同交通流量下 8 种植物的叶面特征，发现高交通流量下叶面蜡质由于汽车尾气的高温效应而受到损坏，和低交通流量环境下生长的同种植物相比，其角质层褶皱、绒毛密度增大且绒毛增长。这些叶面特征均能改变叶面的润湿性，从而影响气溶胶和颗粒物在叶面的沉积及叶片的水分状态。Schreuder 等（2001）研究了暴露于臭氧之中的黑杨（Populus nigra L.）、加杨（Populus×canadensis Moench）和花旗松 [Pseudotsuga menziesii（Mirb.）Franco] 的叶面特征，发现臭氧胁迫条件下花旗松的接触角明显降低，而其他两个物种变化不明显，可能与臭氧对不同物种表面蜡质和角质层的影响不同有关。Neinhuis 和 Barthlott（1998）对 3 种不同润湿性的植物整个生长季滞留颗粒物的能力及润湿性进行了研究，发现不易润湿的银杏（*Ginkgo biloba* L.）在整个生长季接触角均保持在 130°~140°，相应的滞尘能力在整个生长季均较小；夏栎（*Quercus robur* L.）叶片在生长初期接触角高达 110°，但随着生长期的延长接触角明显降低，其滞尘能力也随着润湿性的增强而增强；亲水性的欧洲水青冈（*Fagus sylvatica* L.）叶片在整个生长季润湿性没有明显变化，其滞尘能力因叶面的易润湿而性较强。

1.7.3 植物叶润湿性对降水截留的影响

植物冠层截留降水是一个重要的生态水文过程，直接影响降水在生态系统中的循环；同时也是水分供应不足的干旱、半干旱地区重要的土壤水分补给源。大量的研究集中在林冠截留与降水事件（强度、过程与历时等）的关系方面（Watanabe and Mizutani, 1996；Xiao, 2002；张志山等，2005；党宏忠等，2007）。也有一些研究从植被类型、年龄、密度、叶面积指数等方面揭示了冠层截留率的变化（Deguchi et al., 2006；Klaassen et al., 1998；Wang et al., 2007；时忠杰等，2005；段文标等，2005）。这些研究从宏观尺度上研究了植被的冠层截留率和截留机制等，但微观的叶面尺度上，关于叶面的润湿性及叶面的结构特征如何影响植被冠层截留的研究则相对较少。

在宏观尺度上，随不同干旱梯度，植物有趋向于低湿润性和低的持水能力的特点（Brewer and Nuñez, 2007；Holder, 2007）；干旱地区植物叶面低的润湿性可能是植物对环境的一种适应性调试。水滴在不易润湿的叶面上形成水珠，易于在风和重力的作用下离开叶面，从而增加土壤水分含量，有利于保持自身的水分平衡。在叶片尺度上，叶片的润湿性不同导致水分在叶面上存在状态的差异（Hall and Burke, 1974；王会霞等，2010a）；植物叶片对不同形态水滴的持水能力不同（Holder, 2007；王会霞等，2012）。叶片所能持留的最大水量即叶面的最大持水量（Wilson et al., 1999；Wohlfahrt et al., 2006）是衡量叶面持水能力的一个定量指标，对叶的冠层截留（Holder, 2007；Wilson et al., 1999）、湿润时间（Brewer and Smith, 1997）及冠层蒸发量（Watanabe and Mizutani, 1996）等具有很大影响。

Hall 和 Burke（1974）研究了新西兰 52 种植被的润湿性并观察了降水过程中水滴在叶面的存在状态，发现接触角>90°的不润湿叶面几乎没有水滴，接触角介于 49°~70°的叶面水滴多以水膜状态存在，而接触角在 70°~90°的则以水膜和水滴共存的状态存在。但他们并未对叶面的持水量进行定量分析。之后，一些研究者则对叶面的持水能力进行了定量测定。Bradley 等（2003）对 18 种三叶草的研究发现，最大持水量变化在 110~360 g/m²，大叶片能截留较多水量且叶湿润时间较长。Brewer 和 Smith（1997）研究了高山和亚高山地区的 50 种植物，发现林下、林缘及开阔环境中的植物叶面的润湿性及露珠截留量明显不同。开阔环境中植物叶面接触角最大，林缘次之，而林下植物最小。其对露珠的截留量则为：开阔环境中最大，为 60~250 g/m²；其次为林缘的 20~60 g/m²；林下植物最小，一般在 10 g/m² 以下。由此可见，在自然状态下，叶面的持水量不仅与叶面的润湿性有关，还和环境条件及露水的水汽来源与叶面晚上散失热量的难易程度有关。一些研究者则借助实地测定和模拟实验探讨了叶片持水能力的影响因素。Wilson 等（1999）研究了叶片位置、叶片密度、叶龄对阳芋（*Solanum tuberosum* L.）叶片持水能力的影响，表明冠层上部叶片的持水能力强于下层，随机分布叶片强于密集叶片，老叶强于新叶。Haines 等（1985）采用喷水法测定得到的 6 种供试植物叶片正面的持水量为 $39 \sim 295 \ g/m^2$。易润湿的叶片具有较大的持水量，而不易润湿的叶片由于表面附属物、蜡质晶体等几何结构的作用而具有低持水能力。Tanakamaru 等（1998）发现，两种大麦（*Hordeum vulgare* L.）幼叶的持水能力明显低于老叶，一个可能的原因是幼叶叶面蜡质晶体的含量高于老叶。Wohlfahrt 等（2006）采用浸水和喷水法研究了 9 种山地牧草的最大持水量，发现物种间的最大持水量有显著差异，喷水法测定值显著大于浸水法测定值；分析表明叶片长度、宽度、周长、叶面积、叶片位置、形状、比叶重等与最大持水量相关不显著，从而认为可能还受到其他因素控制。

1.7.4 植物叶润湿性对病菌感染的影响

叶面水和叶面水持留的时间在农业和生态学上都很重要。在某些干旱、半干旱地区生长的植物所需水分的主要来源是露水。叶面水能在一段时间里抑制蒸发，还可能直接被吸收进植物体内，并影响内部的水分平衡。任何一种植物病虫害的发生发展都是寄主、病原和环境三个因素综合作用的结果。环境条件对植物病害的发生流行起着重要作用。它一方面影响病原物，另一方面影响植物，进而影响植物与病原的相互斗争。许多致病孢子只有在适宜的温度条件和一定的叶湿时间下才能在叶片上萌芽并侵染到植物体内。植物叶面上的水分可以成为病菌生长所必需的水分来源，这些水分能够保护幼体并防止幼体干燥失水或协助他们附着在植物表面（Raina，1981）。因此，叶面湿润时间的长短对于某些菌类的发生、发展起着极其重要的作用，而叶面湿润时间的长短与叶面的润湿性密切相关。

Kuo 和 Hoch（1996）在研究润湿性和病菌感染的关系中指出，当表面超级润湿（接触角<40°）时，葡萄黑腐病菌（*Phyllosticta ampelicida*）孢子几乎不能在表面黏附；而接触角>80°的葡萄（*Vitis vinifera* L.）叶面则极易感染葡萄黑腐病菌。Bunster 等（1989）发现，恶臭假单胞菌（*Pseudomonas putida*）感染小麦（*Triticum aestivum* L.）叶片之后，叶面的润湿性显著增加；叶面的高润湿性可以降低叶面菌落数量。Knoll 和 Schreiber（1998）认为改变胡桃（*Juglans regia* L.）叶面的润湿性，可影响附生微生物的存在。Huber 和 Gillespie（1992）在对植物叶面润湿性和表皮病菌感染的关系中指出，露水持留时间的长短受到气候、叶片润湿性、种植结构的影响。Cook（1980）发现，当落花生（*Arachis hypogaea* L.）叶片不润湿时，极少感染花生锈病（*Puccinia arachidis*）。Pinon 等（2006）在杂交杨树（*Populus* spp.）锈病感染研究中发现，锈病与雾及叶面的润湿性之间有密切的关系，叶片润湿性可以作为杨树抗病的一个特性指标。Kumar 等（2004）研究发现不同品系的茶叶感染病菌概率与叶的润湿性、叶面微形态结构、表面化学组成密切相关。叶面无绒毛或低绒毛密度、蜡质和酚含量高、低接触角的物种易受病菌感染。Woo（2002）曾研究了 14 种针叶树的形状，包括表皮气孔蜡质的退化、蜡质含量、接触角和形态，发现蜡质的数量和形态对叶片润湿性有重要的影响，建议这些特征可以作为抗松疱锈病菌（*Cronartium ribicola*）的指标。在粮食作物小麦上，小麦条锈病菌（*Puccinia striiformis*）感染期间如果叶片完全润湿则有利于病菌侵染（Statler and Nordgaard，1980）；一旦侵染病菌，又会对叶片的表面结果造成破坏（Bunster et al.，1989）。

1.7.5　植物叶润湿性在仿生材料上的应用

近年来，科学家与工程师们对植物叶面润湿性的研究越来越感兴趣，其主要目的之一是寻找植物产生这一独特功能的原因或形成机制，进而利用或借鉴生物学的信息进行工程仿生设计或制造。一些水生和陆生植物〔如莲（*Nelumbo nucifera* Gaertn.）、狗尾草（*Setaria viridis* L.）、芋（*Colocasia esculenta* L.）〕的叶片表面具有良好的疏水性能，从而表现出一定的自清洁功能；还有一些植物〔如苘麻（*Abutilon theophrasti* Medikus）、菊芋（*Helianthus tuberosus* L.）等〕的叶片则具有良好的亲水性能。1997 年，德国波恩大学的 Barthlott 和 Neinhuis 首次提出的"莲荷效应"，在科学界和工程界产生了巨大反响，借助这一成果，科研人员设计制造出不粘水和不粘油的功能材料。

Fürstner 等（2005）以自然界中的超疏水植物叶面为模板，用有机硅复制了叶面的微结构，得到了形貌与天然叶面相似的各种人造表面，其表面接触角大于 150° 而滚动角在 7°~12°。但不足之处在于叶面上尺寸在几百纳米的植物表皮蜡的微晶结构易被破坏而难以得到复制。Guo 和 Liu（2007）得到了具有微/纳二级结构的铝合金和铜合金粗糙表面，其接触角分别达到了 161°±2° 和 170°±2°。对铝合金而言，表面的超疏水性具有极好的稳定性，在空气中放置 2 个月接触角几乎不发生变化。Lee 等（2006）采用紫外纳米压印技术（Ultraviolet Nanoimprint Lithography，UV-NIL）得到了接触角为 142° 的超疏水表面。Ma 等（2005）将聚苯乙烯-聚二甲基硅氧烷嵌段共聚物的四氢呋喃和二甲基甲酰胺乳液静电纺丝植入基板，得到由直径为 150~450 nm 超细纤维组成的立体网状结构，X 射线光电子能谱（X-ray photoelectron spectroscopy，XPS）分析发现，聚二甲基硅氧烷链段聚集在超细纤维的表面。这种粗糙表面与水的接触角可达 163°。Sun 等（2003）通过热分解酞菁铁与酞菁钇在石英玻璃片上生长出碳纳米管阵列，经含氟物质 $CF_3(CF_2)_3CH_2CH_2Si(OCH_3)_3$ 表面修饰，获得超疏水-超疏油的双疏表面，其水接触角为 171°，菜籽油接触角为 161°。Rao 等（2003）将甲基三甲氧基硅烷、氨水、甲醇按一定比例混合后置于高压釜中，在达到超临界态后闪蒸，甲基三甲氧基硅烷之间脱水缩合发生交联，并在基板上生长出具有一定结构的凝胶，形成接触角可达到 173° 的超疏水表面。

这些人工制备的超疏水表面可用于汽车车窗、建筑物的玻璃窗及玻璃外墙的防污，用于雷达、天线表面上能够防止由于雪雨粘连而导致的信号衰减，材料的表面超疏水化可抑制微生物在物体表面的黏附，抑制聚合物表面的凝血现象，可作为人体植入材料的表面涂层，用于输水、输油内管壁可降低流体阻力等。超疏水自洁表面的理论研究已有较多的报道，其现实应用的产品也越来越普遍，但由于此类表面必须依靠表面微细粗糙结构而产生特殊的润湿性能，所以在制备出具有大接触角而小的接触角滞后表面的同时，还必须考虑其机械强度及在户外工作环境中的使用寿命。

植物叶面的润湿特征与影响因素

叶是植物与大气环境进行物质和能量交换的主要场所，是光合作用和蒸腾作用的主要器官，在植物的生活中具有重要的作用。植物叶面的润湿性是各种生境中常见的一种现象，表现了叶片对水的亲和能力；与润湿相对应的是不润湿——即斥水性。植物叶面的润湿性对于光合作用、截留降水、感染病虫害，以及滞留、吸附、过滤大气污染物均具有重要的影响；同时可为工程仿生设计或制造提供生物学信息。

2.1　植物叶面的润湿特征

2.1.1　叶面接触角的测定

我们在陕西的西安、淳化、宜川和神木四地采集了 36 个科的 95 种植物用于测定叶面的润湿性。采样时从树冠的内外上下多点采集成熟健康叶片，每种植物采集约 200 片。将采集的植物叶样用自封袋封存后置于 4℃ 保温盒中保存，然后带回实验室于 4℃ 冰箱中保存备用。为减小保存时间差异可能对实验造成的影响，每个采样点的物种叶面接触角的测定在采样后 2 d 内完成。

在室温条件下，用静滴接触角/界面张力测量仪（JC2000C1，上海中晨科技发展有限公司）分别在 15 个叶片上测定叶片正面与背面的接触角。同一叶片沿中脉分开，分别用作正面和背面接触角的测定。由于液滴体积在 1 ~ 10 μl 时接触角不受液滴体积的影响（Knoll and Schreiber，1998），因此根据阔叶树和针叶树叶面面积大小液滴体积分别采用 6 μl 和 2 μl。对于阔叶树种，选取叶片较平坦的表面并尽量避开叶脉，制成约 5 mm×5 mm 的样本；对于针叶树种，制成约 10 mm 长的样本。将待测样本铺平后用双面胶粘于玻璃板上后置于静滴接触角/界面张力测量仪的载物台上，然后调节毛细管出水，在叶面上分别形成约 6 μl 或 2 μl 大小的液滴。利用 CCD 成像后采用量角法测定接触角大小。图 2-1 为水滴在两种典型的润湿和不润湿（斥水性）叶面上的形态。

2.1.2　叶面润湿性的物种差别

表 2-1 是 95 种供试植物叶面接触角大小结果，物种间正面与背面间接触角均有显著差异（$p<0.001$）。95 种植物中有 41 种背面接触角显著大于正面（成对 t 检验，$p<0.05$），28 种正面接触角显著大于背面（成对 t 检验，$p<0.05$），其余 26 种正、背面接触角无显著差异（成对 t 检验，$p>0.05$）。所测定植物叶正面接触角从桃 [*Prunus persica*（L.）

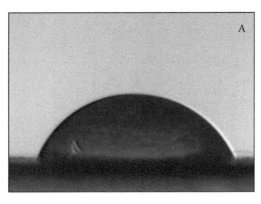

图 2-1　水滴在润湿和不润湿叶面上的形态

A 为珊瑚树叶正面；B 为银杏叶背面

Batsch] 的 42.3° 到针茅（*Stipa capillata* L.）的 144.0°，背面接触角则从栾树（*Koelreuteria paniculata* Laxm.）的 41.5° 到艾（*Artemisia argyi* H. Lév. & Vaniot）的 143.4°。供试植物叶面接触角大小在 40°~145°，均值为 103.4°。

所测定的 95 种植物中，正面接触角大于 90° 的物种有白车轴草（*Trifolium repens* L.）、槐 [*Sophora japonica* var. *japonicum*（L.）Schoot]、日本小檗（*Berberis thunbergii* DC.）、银杏、山杨（*Populus davidiana* Dode）、刺槐（*Robinia pseudoacacia* L.）、黄刺玫（*Rosa xanthina* Lindl.）、苦参（*Sophora flavescens* Aiton）、胡枝子（*Lespedeza bicolor* Turcz.）、野棉花（*Anemone vitifolia* Buch. - Ham. ex DC.）、针茅、柴胡（*Bupleurum chinense* DC.）、虎榛子（*Ostryopsis davidiana* Decne.）、细裂叶莲蒿（*Artemisia gmelinii* Weber ex Stechm.）、朝阳隐子草 [*Cleistogenes hackelii*（Honda）Honda]、草木樨 [*Melilotus officinalis*（L.）Pall.]、鹅绒藤（*Cynanchum chinense* R. Br.）、蒺藜（*Tribulus terrester* L.）、斜茎黄芪（*Astragalus laxmannii* Jacq.）、沙棘（*Hippophae rhamnoides* L.）、北沙柳（*Salix psammophila* C. Wang & C. Y. Yang）、紫苜蓿（*Medicago sativa* L.）、硬质早熟禾（*Poa sphondylodes* Trin.）、紫穗槐（*Amorpha fruticosa* L.）等 60 种，占测定总数的 63.2%；小于 90° 的有山樱花（*Prunus serrulata* Lindl.）、女贞（*Ligustrum lucidum* W. T. Aiton）、小叶女贞（*Ligustrum quihoui* Carrière）、桃、黄荆（*Vitex negundo* L.）、连翘 [*Forsythia suspensa*（Thunb.）Vahl]、栾树、榆树（*Ulmus pumila* L.）、小叶杨（*Populus simonii* Carrière）、中亚天仙子（*Hyoscyamus pusillus* L.）、华北白前 [*Cynanchum mongolicum*（Maxim.）Hemsl.]、沙蒿（*Artemisia desertorum* Spreng.）等 35 种，占测定总数的 36.8%。背面接触角大于 90° 的物种有二球悬铃木 [*Platanus acerifolia*（Aiton）Willd.]、山樱花、银杏、海桐 [*Pittosporum tobira*（Thunb.）W. T. Aiton]、蒙古栎（*Quercus mongolica* Fisch. ex Ledeb.）、黄荆、枣（*Ziziphus jujuba* Mill.）、柴胡、柠条锦鸡儿（*Caragana korshinskii* Kom.）、牻牛儿苗（*Erodium stephanianum* Willd.）、紫穗槐（*Amorpha fruticosa* L.）等 68 种，占测定总数的 71.6%；小于 90° 的有栾树、加杨（*Populus × canadensis* Moench）、女贞、毛梾（*Cornus walteri* Wangerin）、油松（*Pinus tabuliformis* Carrière）、连翘、白桦（*Betula platyphylla* Sukaczev）、黑桦（*Betula dahurica* Pall.）、沙蒿、兴山榆（*Ulmus* bergmanniana C. K. Schneid.）、小叶杨、天仙子、老瓜头等27种，占测定总数的28.4%。

表2-1 供试植物叶习性、生活型和叶面接触角（均值±标准差）

序号	物种			科	生活型	叶习性	接触角（°）	
	中文名	拉丁名					正面	背面
1	白车轴草	*Trifolium repens* L.		豆科	草本	常绿	134.7±4.8	79.1±7.4
2	山樱花	*Prunus serrulata* Lindl.		蔷薇科	乔木	落叶	65.8±5.9	99.9±4.1
3	二球悬铃木	*Platanus acerifolia*（Aiton）Willd.		悬铃木科	乔木	落叶	128.1±9.5	125.8±1.7
4	女贞	*Ligustrum lucidum* W. T. Aiton		木樨科	乔木	常绿	68.6±8.3	76.2±9.5
5	小叶女贞	*Ligustrum quihoui* Carrière		木樨科	灌木	落叶	82.9±8.7	87.6±15.5
6	银杏	*Ginkgo biloba* L.		银杏科	乔木	落叶	127.5±6.6	136.0±5.2
7	黄杨	*Buxus sinica*（Rehder & E. H. Wilson）M. Cheng		黄杨科	灌木	常绿	85.2±13.3	95.3±11.2
8	珊瑚树	*Viburnum odoratissimum* Ker Gawl.		忍冬科	灌木	常绿	77.0±14.2	87.9±18.6
9	槐	*Styphnolobium japonicum* var. *japonicum*（L.）Schott		豆科	乔木	落叶	131.8±8.9	135.4±3.1
10	月季花	*Rosa chinensis* Jacq.		蔷薇科	灌木	落叶	100.5±6.9	133.3±2.9
11	栾树	*Koelreuteria paniculata* Laxm.		无患子科	乔木	落叶	97.7±5.0	41.5±19.6
12	鸡爪槭	*Acer palmatum* Thunb. in Murray		槭树科	乔木	落叶	90.6±4.4	101.2±2.0
13	地锦	*Parthenocissus tricuspidata*（Siebold & Zucc.）Planch.		葡萄科	藤本	落叶	99.4±10.1	125.3±6.1
14	紫荆	*Cercis chinensis* Bunge		豆科	乔木	落叶	95.1±15.0	103.8±3.9
15	日本小檗	*Berberis thunbergii* DC.		小檗科	灌木	落叶	130.0±2.6	133.6±3.9
16	榆叶梅	*Prunus triloba* Lindl.		蔷薇科	灌木	落叶	84.8±12.3	97.0±1.4
17	桃	*Prunus persica*（L.）Batsch		蔷薇科	乔木	落叶	42.3±8.2	92.7±10.1
18	紫丁香	*Syringa oblata* Lindl.		木樨科	灌木	落叶	101.5±11.2	73.7±12.9
19	加杨	Populus × canadensis Moench		杨柳科	乔木	落叶	67.3±4.9	68.9±11.7
20	海桐	*Pittosporum tobira*（Thunb.）W. T. Aiton		海桐花科	灌木	常绿	95.1±6.3	102.1±4.5
21	毛梾	*Cornus walteri* Wangerin		山茱萸科	乔木	落叶	80.2±15.0	84.4±7.4
22	艾	*Artemisia argyi* H. Lév. & Vaniot		菊科	草本	落叶	108.1±22.2	143.4±4.1
23	黄栌	*Cotinus coggygria* Scop.		漆树科	灌木	落叶	137.0±5.6	140.2±5.4
24	野艾蒿	*Artemisia lavandulaefolia* DC. Prodr.		菊科	草本	落叶	93.2±8.2	107.7±6.3
25	山楂	*Crataegus pinnatifida* Bunge		蔷薇科	乔木	落叶	85.2±15.4	93.0±9.6
26	杭子梢	*Campylotropis macrocarpa*（Bunge）Rehder		豆科	灌木	落叶	121.6±11.8	139.7±5.5
27	山杏	*Prunus sibirica* L.		蔷薇科	灌木	落叶	91.0±5.8	83.9±13.9
28	毛樱桃	*Prunus tomentosa* Thunb.		蔷薇科	灌木	落叶	110.1±6.6	132.0±14.1
29	三脉紫菀	*Aster ageratoides* Turcz.		菊科	草本	落叶	82.3±6.6	92.6±6.6
30	茅莓	*Rubus parvifolius* L.		蔷薇科	灌木	落叶	87.0±5.9	141.1±5.1
31	黄精	*Polygonatum sibiricum* Redouté		百合科	草本	落叶	67.5±14.7	118.5±12.5
32	紫花地丁	*Viola philippica* Cav.		堇菜科	草本	落叶	64.8±10.8	63.5±11.9
33	蛇莓	*Duchesnea indica*（Andrews）Teschem.		蔷薇科	草本	落叶	75.8±7.0	56.6±15.9
34	金茅	*Eulalia speciosa*（Debeaux）Kuntze		禾本科	草本	落叶	111.4±13.5	120.8±5.7

物种			科	生活型	叶习性	接触角（°）	
序号	中文名	拉丁名				正面	背面
35	地榆	*Sanguisorba officinalis* L.	蔷薇科	草本	落叶	66.1±16.7	128.9±6.2
36	大戟	*Euphorbia pekinensis* Rupr.	大戟科	草本	落叶	116.3±16.4	132.1±5.9
37	日本续断	*Dipsacus japonicus* Miq.	忍冬科	草本	落叶	64.6±9.3	57.8±11.4
38	芦苇	*Phragmites australis*（Cav.）Trin. ex Steud.	禾本科	草本	落叶	123.2±5.8	131.3±6.3
39	山杨	*Populus davidiana* Dode	杨柳科	乔木	落叶	119.3±13.2	131.2±8.0
40	油松	*Pinus tabuliformis* Carrière	松科	乔木	常绿	66.5±4.2	62.6±8.5
41	蒙古栎	*Quercus mongolica* Fisch. ex Ledeb.	壳斗科	乔木	落叶	88.9±24.5	132.0±4.6
42	刺槐	*Robinia pseudoacacia* L.	豆科	乔木	落叶	130.1±7.1	131.9±3.7
43	白桦	*Betula platyphylla* Sukaczev	桦木科	乔木	落叶	91.0±6.8	63.3±17.6
44	黄荆	*Vitex negundo* L.	马鞭草科	灌木	落叶	72.5±9.6	123.7±3.8
45	白刺花	*Sophora davidii* var. *davidii*	豆科	灌木	落叶	127.5±8.7	139.0±3.9
46	黄刺玫	*Rosa xanthina* Lindl.	蔷薇科	灌木	落叶	129.2±5.8	136.1±4.5
47	山桃	*Prunus davidiana*（Carrière）Franch.	蔷薇科	灌木	落叶	79.0±26.2	117.2±12.6
48	沙棘	*Hippophae rhamnoides* Linn.	胡颓子科	灌木	落叶	99.5±4.0	102.2±5.9
49	连翘	*Forsythia suspensa*（Thunb.）Vahl	木樨科	灌木	落叶	74.5±10.8	73.0±6.1
50	苦参	*Sophora flavescens* Aiton	豆科	草本	落叶	124.6±5.0	138.5±4.2
51	羊草	*Leymus chinensis*（Trin. ex Bunge）Tzvelev	禾本科	草本	落叶	130.4±6.7	101.7±7.9
52	杜梨	*Pyrus betulifolia* Bunge	蔷薇科	乔木	落叶	95.2±5.4	97.2±4.1
53	刚毛忍冬	*Lonicera hispida* Pall. ex Schult.	忍冬科	灌木	落叶	67.0±20.9	98.7±9.1
54	胡颓子	*Elaeagnus pungens* Thunb.	胡颓子科	灌木	常绿	80.9±22.5	99.7±17.9
55	胡枝子	*Lespedeza bicolor* Turcz.	豆科	草本	落叶	126.1±5.8	129.7±4.6
56	互叶醉鱼草	*Buddleja alternifolia* Maxim.	玄参科	灌木	落叶	87.7±15.9	137.0±6.8
57	荚蒾	*Viburnum dilatatum* Thunb.	五福花科	灌木	落叶	82.7±6.7	83.0±12.8
58	朝天委陵菜	*Potentilla supina* L.	蔷薇科	草本	落叶	107.2±16.0	94.1±15.8
59	枣	*Ziziphus jujuba* Mill.	鼠李科	灌木	落叶	77.0±18.0	103.5±7.9
60	灰栒子	*Cotoneaster acutifolius* Turcz.	蔷薇科	灌木	落叶	125.7±10.5	116.1±15.8
61	野棉花	*Anemone vitifolia* Buch.-Ham. ex DC.	毛茛科	草本	落叶	102.5±9.5	141.0±4.1
62	榆树	*Ulmus pumila* L.	榆科	乔木	落叶	63.7±8.6	61.3±9.8
63	牛尾蒿	*Artemisia dubia* Wall. ex Bess.	菊科	草本	落叶	134.0±12.5	140.4±3.0
64	针茅	*Stipa capillata* L.	禾本科	草本	落叶	144.0±2.5	75.6±3.2
65	柴胡	*Bupleurum chinense* DC.	伞形科	草本	落叶	127.7±3.7	128.0±7.1
66	黑桦	*Betula dahurica* Pall.	桦木科	乔木	落叶	82.7±12.6	81.5±21.2
67	虎榛子	*Ostryopsis davidiana* Decne.	桦木科	灌木	落叶	91.0±23.1	44.6±10.6
68	细裂叶莲蒿	*Artemisia gmelinii* Weber ex Stechm.	菊科	草本	落叶	104.9±10.5	140.8±6.8
69	绣线菊	*Spiraea salicifolia* L.	蔷薇科	灌木	落叶	90.6±24.1	142.5±5.4

序号	物种		科	生活型	叶习性	接触角（°）	
	中文名	拉丁名				正面	背面
70	委陵菜	*Potentilla chinensis* Ser.	蔷薇科	草本	落叶	98.5±13.7	135.1±8.3
71	羊须草	*Carex callitrichos* V. I. Krecz. in Komarov	莎草科	草本	落叶	84.0±10.7	77.3±8.9
72	朝阳隐子草	*Cleistogenes hackelii*（Honda）Honda	禾本科	草本	落叶	127.0±5.2	116.2±7.2
73	草木樨	*Melilotus officinalis*（L.）Pall.	豆科	草本	落叶	125.8±5.8	123.4±5.7
74	飞廉	*Carduus nutans* L.	菊科	草本	落叶	94.7±9.2	139.5±5.3
75	蒺藜	*Tribulus terrester* L.	蒺藜科	草本	落叶	102.6±4.2	135.7±5.7
76	鹅绒藤	*Cynanchum chinense* R. Br.	萝藦科	草本	落叶	132.9±6.7	137.7±8.3
77	苦荬菜	*Ixeris polycephala* Cass. ex DC.	菊科	草本	落叶	133.9±6.2	140.4±7.3
78	沙芦草	*Agropyron mongolicum* Keng	禾本科	草本	落叶	138.0±5.0	99.2±8.9
79	乳浆大戟	*Euphorbia esula* L.	大戟科	草本	落叶	130.7±7.6	121.2±5.2
80	柠条锦鸡儿	*Caragana korshinskii* Kom.	豆科	灌木	落叶	133.1±7.3	132.0±6.7
81	牻牛儿苗	*Erodium stephanianum* Willd.	牻牛儿苗科	草本	落叶	93.4±12.7	111.9±9.9
82	砂珍棘豆	*Oxytropis racemosa* Turcz.	豆科	草本	落叶	138.6±9.9	133.3±6.0
83	斜茎黄芪	*Astragalus laxmannii* Jacq.	豆科	草本	落叶	137.5±4.1	128.4±6.5
84	沙蒿	*Artemisia desertorum* Spreng.	菊科	草本	落叶	63.8±12.4	61.5±12.2
85	沙棘	*Hippophae rhamnoides* L.	胡颓子科	灌木	落叶	94.1±11.0	111.0±2.3
86	北沙柳	*Salix psammophila* C. Wang & C. Y. Yang	杨柳科	灌木	落叶	107.1±7.7	122.8±3.2
87	兴山榆	*Ulmus bergmanniana* C. K. Schneid.	榆科	乔木	落叶	50.9±11.2	50.4±9.3
88	踏郎	*Hedysarun mongolicum* Turcz.	豆科	草本	落叶	128.9±4.9	88.5±15.7
89	小叶杨	*Populus simonii* Carrière	杨柳科	乔木	落叶	80.0±11.9	86.2±9.0
90	中亚天仙子	*Hyoscyamus pusillus* L.	茄科	草本	落叶	53.8±23.9	56.7±22.0
91	华北白前	*Cynanchum mongolicum*（Maxim.）Hemsl.	萝藦科	草本	落叶	62.1±11.9	63.2±16.6
92	虎尾草	*Chloris virgata* Sw.	禾本科	草本	落叶	139.5±5.1	125.3±5.3
93	紫苜蓿	*Medicago sativa* L.	豆科	草本	落叶	128.8±5.9	132.6±8.3
94	硬质早熟禾	*Poa sphondylodes* Trin.	禾本科	草本	落叶	132.1±7.0	112.5±6.7
95	紫穗槐	*Amorpha fruticosa* L.	豆科	灌木	落叶	134.9±7.6	135.0±4.8

2.1.3　不同生活型叶润湿性的差异

不同生活型植物叶面的润湿性有显著差异（$p<0.001$，图 2-2）。乔木叶面较草本和灌木易润湿（$p<0.05$，图 2-2），草本和灌木植物叶面润湿性差异不显著（$p>0.05$，图 2-2）。这可能与以下因素有关：①叶面蜡质含量。植物叶面接触角随蜡质含量的升高而增大（Hall and Burke，1974；Haines et al.，1985；Cape et al.，1989；Hanba et al.，2004）。草本和灌木植物叶蜡质含量显著高于乔木（其均值分别为：草本 1.36 g/m²，灌木 1.07 g/m²，乔木 0.88 g/m²），因此草本和灌木植物叶面较乔木不易润湿。②叶面蜡质晶体形态结构和化学成分。对 13 000 多种植物叶面蜡质微结构的研究发现，叶面蜡质晶体微观形态结构与成分密切相关，片状蜡质的主要组分是伯醇或三萜类物质；管状蜡质则含有较多的 β-二酮、仲醇和二醇（Barthlott et al.，1998）。这些不同的化学组分具有不同的润湿性特征，接触角从 α-ω-二醇的 70° 到链烷的 109°（Holloway，1969）。此外，叶面蜡质形成的二维微米级和三维纳米级的粗糙结构（Bhushan and Jung，2011；Burton and Bhushan，2006；李婧婧等，2011）对接触角的影响可能比蜡质含量更明显（Boyce et al.，1991；Kumar et al.，2004）。草本和灌木植物是干旱缺水区域的典型植被，多数物种叶面具有凸起表皮细胞且其上密被蜡质晶体，构成了双重结构，这样的结构导致叶面具有较大的接触角。③叶水分状况。研究表明，叶水分状况对润湿性的影响因物种而异（Fogg，1947；Weiss，1988）。Fogg（1947）对新疆白芥（*Sinapis arvensis* L.）和小麦的研究发现，在离体叶中，随离体时间的增长，叶含水量降低而导致叶子萎蔫，叶子表面出现了各种褶皱，从而导致叶面接触角明显增大。Weiss（1988）在对 3 种草本植物菜豆、大豆 [*Glycine max*（L.）Merr.]、紫苜蓿的研究中发现叶面接触角呈现日变化，但都在平均值的 1 个相对标准差内。在干旱地区，叶片含水量降低则是植物长期适应干旱环境的表现（刘美珍等，2004）。在干旱缺水区域植物以草本和灌木为主，叶片相对含水量较其他生境中低，也可能导致叶面接触角的差异。

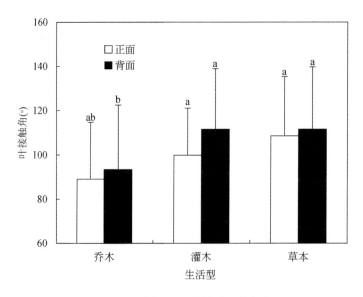

图 2-2　不同生活型植物叶面接触角

注：不同小写字母表示在 $p = 0.05$ 水平上差异显著

2.1.4　叶面接触角大小与变异系数之间的关系

对物种之间的接触角大小进行分析，发现叶面接触角较大时变异系数较小，叶面接触角与变异系数间负相关关系显著（$r = -0.742$，$p = 0.000$，图 2-3）。这可能是由于接触角越大时，特殊的表面结构和疏水的蜡质使叶片与水、附生生物、粉尘等的接触面积较小，与叶面的亲和力较小（Koch et al., 2009），这些物质在叶子表面的停留时间较短，对叶面结构和化学组成影响相对较小，因此表现出叶片本身的特性而不易受外界干扰。而润湿的叶片与水的亲和力较大，水分易铺展，叶片易受降水、病菌（Bunster et al., 1989；Kumar et al., 2004）及酸雨（Adams and Hutchinson, 1987；Haines et al., 1985）、臭氧（Schreuder et al., 2001）、粉尘（Neinhuis and Barthlott, 1998）等污染物的影响。在不同的生境和位置条件下，叶片接收的各种污染物质不同，导致润湿性高的叶片接触角空间和时间的变异较大。

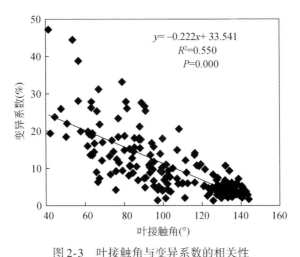

图 2-3　叶接触角与变异系数的相关性

2.2　叶面蜡质与润湿性的关系

2.2.1　叶面蜡质的测定

叶片蜡质含量的测定参考 Koch 等（2006）的方法。根据叶面积大小选择实验叶片数量，叶片较大的选择 10 ~ 15 片，较小的选择 30 ~ 40 片，每个物种各设 3 个重复。测定叶正面蜡质含量时，镊子夹住叶片后用喷壶向叶正面喷三氯甲烷 60 s，将提取液转入已称重的称量瓶（W_0）中，用少量三氯甲烷润洗烧杯，润洗液一并转入称量瓶中，在通风橱中使三氯甲烷完全挥发，再以 0.0001 g 分析天平称重（W_1），两次差值（$W_1 - W_0$）即为蜡质质量。单位叶面积的蜡质含量（W, g/m^2）依据式（2-1）计算：

$$W = (W_1 - W_0)/S \tag{2-1}$$

对于阔叶树，将待测叶样置于扫描仪中扫描后用 Image J（National Institutes of Health, 美国）图像分析软件计算叶面面积（S）。对于针叶树，依据式（2-2）计算叶面积（高金晖等，2007），除以 2 得到叶单面面积：

$$S = 2L\left(1 + \frac{\pi}{n}\right)\sqrt{\frac{nV}{\pi L}} \tag{2-2}$$

式中，L、n 和 V 分别为针叶的平均长度、每束针叶数和针叶体积。

测定叶背面蜡质含量的方法同正面，只是向背面喷三氯甲烷。

对于较小的叶片及针叶，将选取的叶片置于烧杯中，加入 20 ml 三氯甲烷浸泡 60 s 后取出叶片，测定方法同上，此含量为正面和背面蜡质含量之和。

同时，将采集的植物样品制成约 10 mm×10 mm（针叶长度约 10 mm）的样本，铺平后用导电胶粘贴在扫描电镜载物台上，用 JSM—6510LV 型扫描电子显微镜（JEOL, Japan）观察叶表面蜡质形态并拍照。

2.2.2　不同物种的叶蜡质含量

本书所研究的 95 种植物物种间叶片正面和背面蜡质含量具有显著差异（$p<0.001$，图 2-4）。95 种植物中除 24 种未能区分正面和背面外，有 29 种正面蜡质含量显著大于背面（t 检验，$p<0.05$），有 8 种背面蜡质含量显著大于正面（t 检验，$p<0.05$），其余 34 种蜡质含量正面和背面无显著差异（t 检验，$p>0.05$）。所测定植物叶片正面和背面蜡质含量分别变化于 $0.15\sim1.70$ g/m^2、$0.15\sim1.59$ g/m^2，其均值分别为 0.63 g/m^2、0.50 g/m^2（图 2-4）。

不同生活型植物叶正面和背面的蜡质含量有显著差异（$p<0.001$，图 2-4）。草本显著高于灌木和乔木，灌木又显著高于乔木（$p<0.05$，图 2-4）。草本、灌木、乔木单位叶面积蜡质均值分别为 1.36 g/m^2、1.07 g/m^2、0.88 g/m^2。其中，正面蜡质含量均值分别为 0.73 g/m^2、0.60 g/m^2、0.51 g/m^2；背面则分别为 0.63 g/m^2、0.47 g/m^2、0.37 g/m^2。

2.2.3　叶蜡质含量与叶面润湿性的关系

整体上植物叶面接触角随蜡质含量的升高而增大，两者之间呈现出正相关关系（$r=0.086$，$p=0.234$，图 2-5）。但由图 2-5 可以看出，叶面蜡质含量低于 0.75g/m^2 时，随蜡质含量的升高接触角显著增大，两者呈极显著的正相关关系（$r=0.263$，$p=0.002$）。在蜡质含量高于 0.75g/m^2 时，叶面接触角随蜡质含量的增加变化不明显，可分为两类：①叶接触角在 120° 左右，如虎尾草（*Chloris virgata* Sw.）正面和背面、针茅正面、羊草［*Leymus chinensis*（Trin. ex Bunge）Tzvelev］背面、沙芦草（*Agropyron mongolicum* Keng）正面和背面、踏郎（*Hedysarun mongolicum* Turcz.）正面、灰栒子（*Cotoneaster acutifolius* Turcz.）正面和背面等，这些物种叶面均密布蜡质晶体（图 2-6）。②叶接触角在 80° 左右，如华北白前正面、白桦背面、沙蒿正面、羊须草（*Carex callitrichos* V. I. Krecz. in Komarov）背面、黄荆正面、山桃［*Prunus davidiana*（Carrière）Franch.］正面、栾树正面和枣正面等，这些物种叶面或具有沟状组织或具有脊状褶皱或具有瘤状突起，并有蜡质膜（图 2-6）。这可能由于在低蜡质含量情况下，随着蜡质含量的增加，叶面蜡质的覆盖面积和厚度增加，导致接触角增大；随着蜡质含量的继续增大，蜡质数量的影响几乎不变，由蜡质微形态引起的表面粗糙率的变化成为影响润湿性的主要因素。

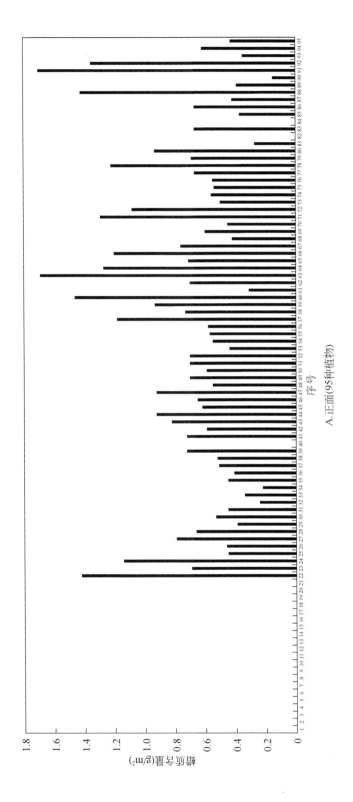

A.正面(95种植物)

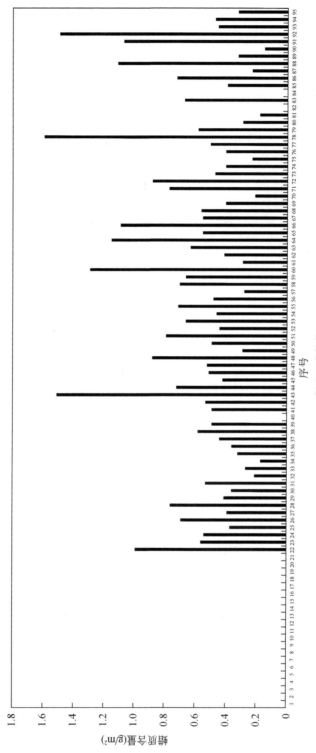

B.背面(95种植物)

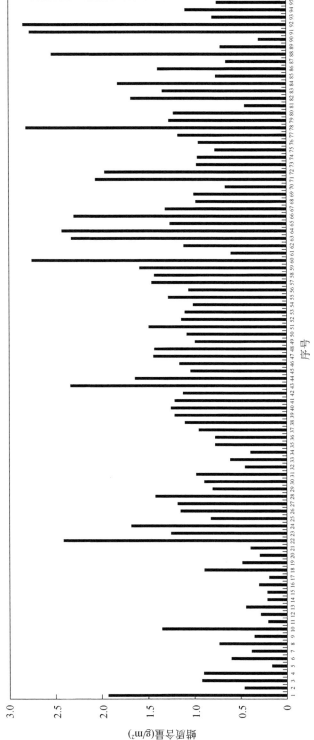

C. 总量 供试植物叶蜡质含量

图2-4 供试植物叶蜡质含量

注：1为白车轴草；2为山樱花；3为二球悬铃木；4为女贞；5为小叶女贞；6为银杏；7为黄杨；8为珊瑚树；9为梅；10为月季花；11为柔树；12为鸡爪槭；13为地锦；14为紫荆；15为日本小檗；16为榆叶梅；17为桃；18为紫丁香；19为加杨；20为海桐；21为毛樱；22为艾；23为黄杆；24为野艾蒿；25为杭子梢；26为杭子梢；27为山杏；28为毛樱桃；29为三脉紫菀；30为茅莓；31为黄精；32为紫花地丁；33为蛇莓；34为金苦；35为地榆；36为大戟；37为日本续断；38为芦苇；39为山杨；40为油松；41为蒙古栎；42为剌槐；43为山桦；44为黄荆；45为白剌花；46为沙棘；47为山桃；48为连翘；49为连翘；50为苦参；51为羊草；52为杜梨；53为刚毛忍冬；54为胡枝子；55为胡颓子；56为互叶醉鱼草；57为麦陵；58为朝天委陵菜；59为灰菜；60为灰梅子；61为野稆麦；62为榆树；63为牛尾蒿；64为针茅；65为柴胡；66为黑桦；67为虎榛子；68为细裂叶莲蒿；69为绣线菊；70为委菱菜；71为羊须草；72为朝阳隐子草；73为草木樨；74为飞蓬；75为疾藜；76为鹅绒藤；77为紫明；78为沙芦草；79为乳浆大戟；80为杆浆锦鸡儿；81为锥牛儿苗；82为砂珍棘豆；83为沙沙棘；84为芝黄芪；85为沙沙棘；86为北沙柳；87为兴山榆；88为蹄郎；89为小叶杨；90为中亚天仙子；91为华北白前；92为虎尾草；93为硬质早熟禾；94为硬质早熟禾；95为紫穗槐

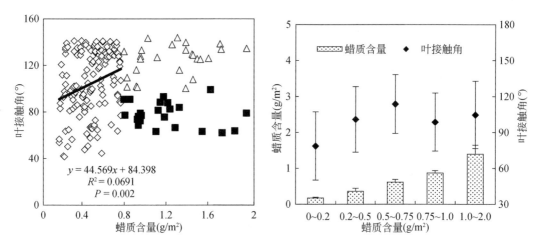

图 2-5　叶面蜡质含量对接触角的影响

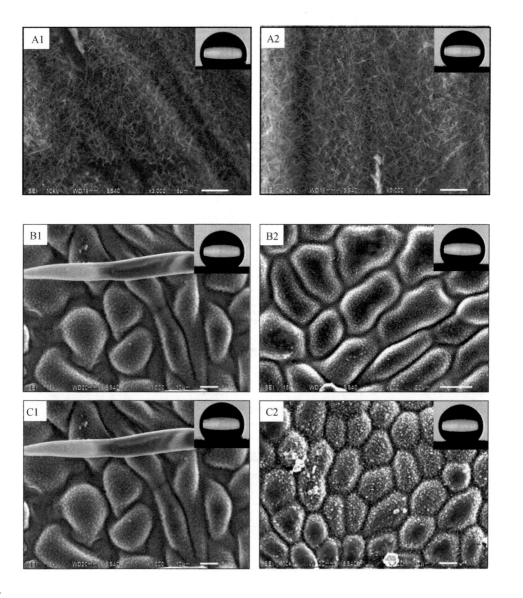

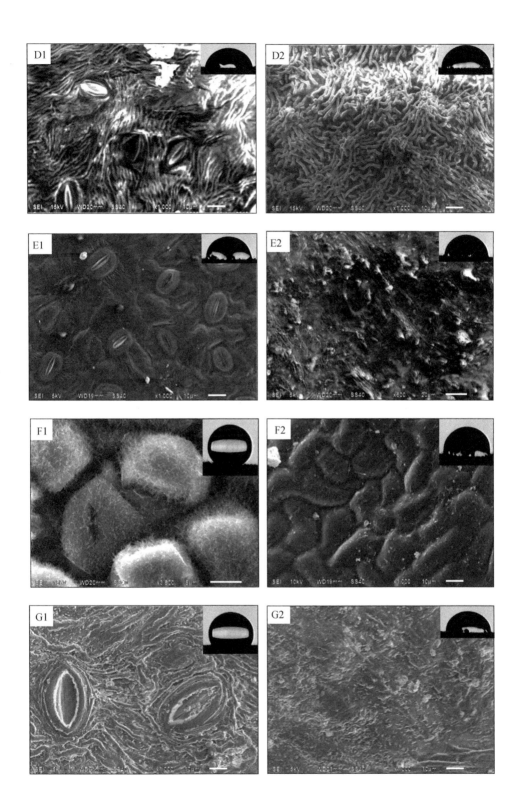

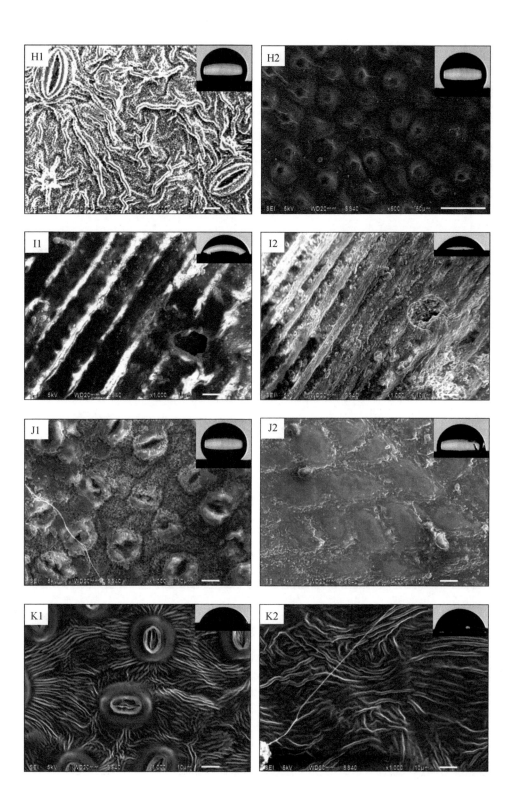

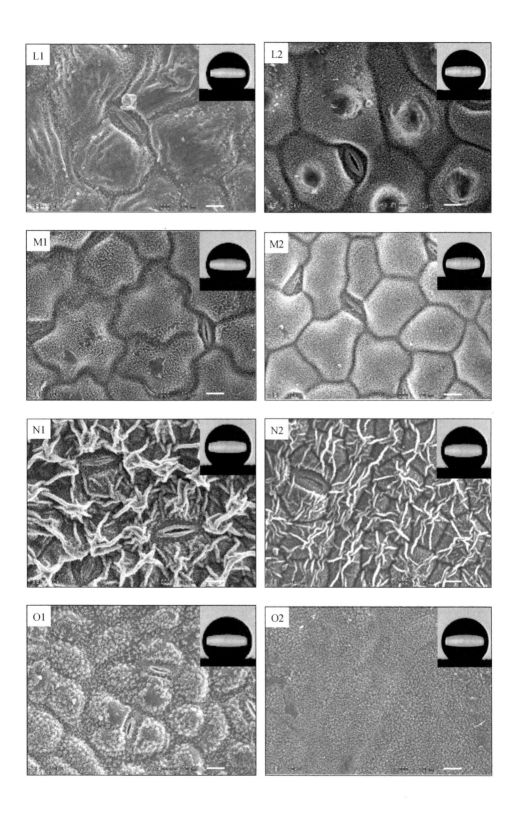

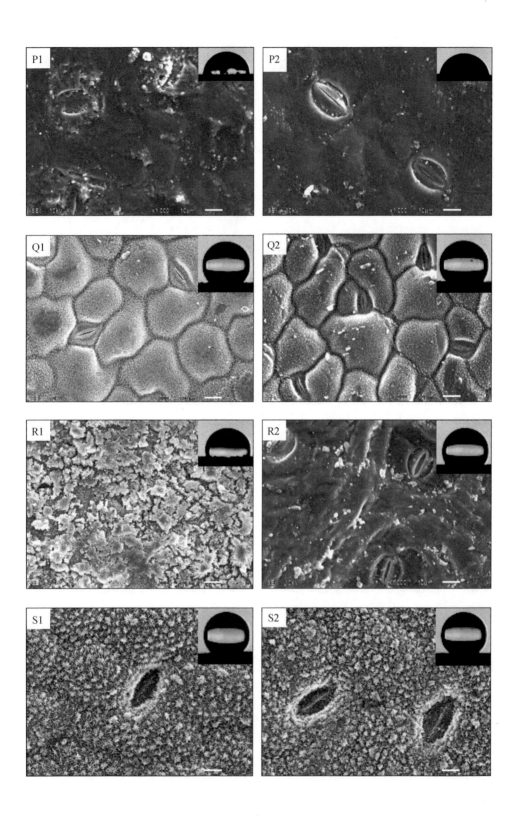

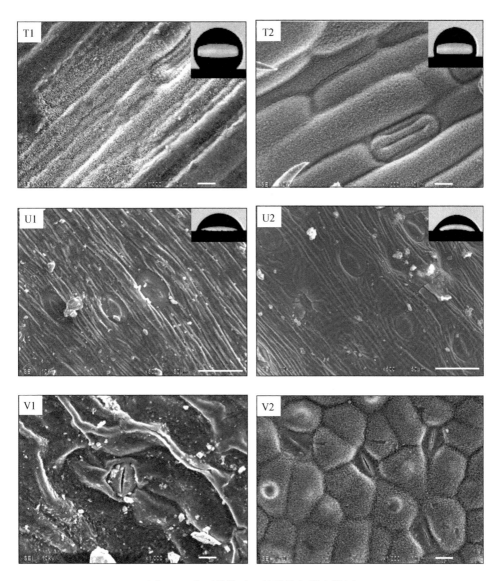

图 2-6　典型植物叶面结构的扫描电镜图

注：1 为背面；2 为正面；A 是针茅；B 是刺槐；C 是黄刺玫；D 是连翘；E 是栾树；F 是绣线菊；G 是山桃；H 是灰栒子；I 是油松；J 是蒙古栎；K 是榆树；L 是斜茎黄芪；M 是草木樨；N 是鹅绒藤；O 是紫穗槐；P 是小叶杨；Q 是紫苜蓿；R 是北沙柳；S 是苦荬菜；T 是硬质早熟禾；U 是沙蒿；V 是踏郎

　　为了说明蜡质对叶片润湿性的影响，将表皮蜡质用三氯甲烷去除前后的叶片接触角进行比较（图 2-7），并对去除蜡质前后的叶面结构进行了扫描电镜观察（图 2-8）。表皮蜡质去除后大部分物种叶面接触角明显减小（t 检验，$p<0.05$）。叶面接触角大于 90°的疏水叶面蜡质去除后，接触角明显降低，降低幅度为 1.6% ~ 49.6%，尤其是疏水性较强的银杏、月季花（*Rosa chinensis* Jacq.）、日本小檗（*Berberis thunbergii* DC.）。日本小檗叶片正面和背面的接触角由 130.0°和 133.6°分别下降到 77.4°和 81.9°，降低了 36.8%和 29.9%；银杏叶片正面和背面的接触角分别由 127.5°和 136.0°下降到 80.6°和 95.4°，分别降低了 40.5%和 38.7%；月季花叶片正面和背面的接触角分别由 100.5°和 133.3°下降到 72.5°和

114.5°，分别降低了27.9%和14.1%。疏水的银杏叶正面密布蜡质晶体，背面表皮细胞、保卫细胞、副卫细胞均密布蜡质晶体（图2-8A1、图2-8B1），疏水的蜡质及蜡质微形态引起的表面粗糙度导致了叶面具有疏水的特性。蜡质去除后，叶正面和背面几乎观察不到蜡质晶体，正面表皮细胞表面光滑，而背面出现了许多褶皱（图2-8A2、图2-8B2）。Burton和Bhushan（2006）认为叶面材料本身是亲水性的，由于表面疏水的蜡质以及特殊的表面结构导致的微粗糙度而导致叶面的疏水特性。因此，将疏水型的叶面蜡质去除后，接触角明显降低，由疏水特性转变为亲水性。

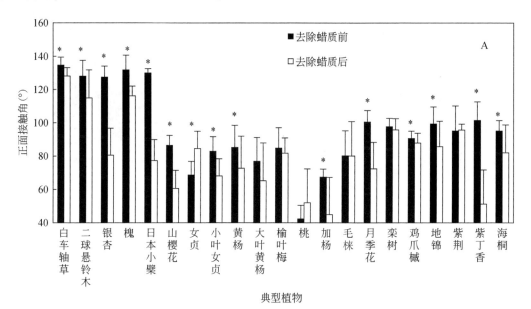

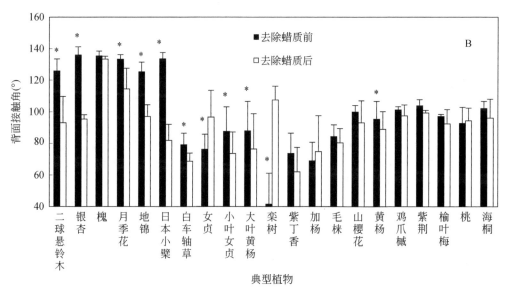

图2-7 植物叶片去除蜡质前后接触角变化

注：A为正面；B为背面；*表示有显著差异，t检验，$p<0.05$

叶面接触角小于90°的亲水型的女贞叶片正面和背面、栾树背面、加杨背面以及桃正面在蜡质去除后接触角反而增大，在女贞叶正面出现了一些多孔结构（图 2-8D2）。Holloway（1969）研究发现亲水型的叶面蜡质用三氯甲烷去除后接触角增大，他认为叶子表面的亲水层被有机溶剂去除后使得疏水的物质暴露在叶子表面，从而导致叶面接触角增大。Fogg（1947）用苯去除桂樱（*Prunus laurocerasus* L.）和睡莲叶面蜡质后也发现叶面接触角增大，认为有机溶剂处理能够导致叶面失活，但并不能改变叶面的特性。Boyce 等（1991）的研究则发现有机溶剂能够改变叶面结构和本身的物理特性，并与在叶片表面产生的多孔结构有关。

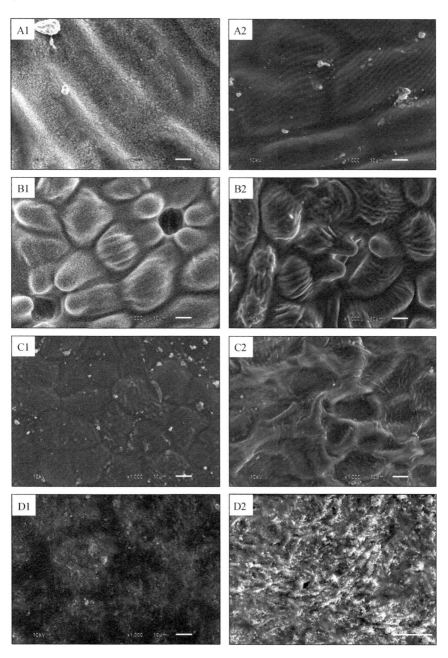

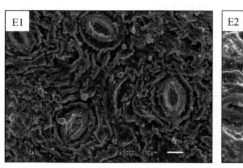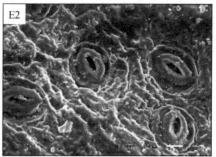

图 2-8　去除蜡质前后叶面结构的扫描电镜图

注：1 为去除蜡质前；2 为去除蜡质后；A 是银杏正面；B 是银杏背面；

C 是小叶女贞正面；D 是女贞正面；E 是女贞背面

2.3　叶面绒毛对润湿性的影响

叶表绒毛是植物体表面的一种附属结构，是植物对生长环境的适应性反应。叶面绒毛的长短、粗细、软硬、分布等因物种和生存环境而异，且都直接影响着水滴在叶面上的接触角。通过选取健康成熟叶片，用 10 倍便携式放大镜进行绒毛观察，结合接触角的测定，分析叶面绒毛对叶片润湿性的影响。

叶面上有绒毛的物种叶正面和背面接触角明显高于叶面无绒毛的物种（图 2-9，t 检验，$p<0.05$）。但是，具有表皮毛的叶面情况比较复杂（图 2-10）。例如，细裂叶莲蒿背面（图 2-10 A1）、飞廉（*Carduus nutans* L.）正面和背面（图 2-10C1，图 2-10C2）密被

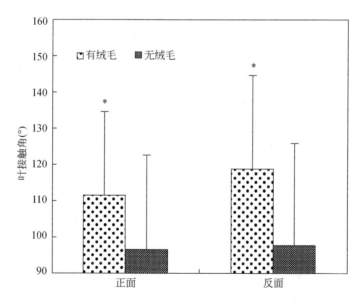

图 2-9　叶面绒毛对润湿性的影响（均值±标准差）

*表示有显著差异，t 检验，$p<0.05$

细长柔软的纤毛，其叶面与水的接触角分别为 140.8°±6.8°、94.7°±9.2°、139.5°±5.3°；沙棘背面（图 2-9 B1）、二球悬铃木正面和背面（图 2-10 G1，图 2-10G2）密被星形毛，其叶面与水的接触角分别为 111.0°±2.3°、128.1°±9.5°、125.8°±1.7°；虎尾草正面和背面（图 2-10E1，图 2-10E2）、黄荆正面（图 2-10F2）稀疏分布有锥形表皮毛，虎尾草表皮毛的分布呈现一定的规律性，且绒毛表面有大量的蜡质晶体，而黄荆叶正面的绒毛呈随机分布，其叶面与水的接触角分别为 139.9°±5.1°、125.3°±5.3°、72.5°±9.6°；柠条锦鸡儿正面和背面（图 2-10D1，图 2-10D2）和黄荆背面（图 2-10F1）密被长单毛，其叶面与水的接触角分别为 133.1°±7.3°、132.0°±6.7°、123.7°±3.8°。叶面不同形态、密度、质地、类型的绒毛导致叶面与水的接触角有明显不同，可能与叶面绒毛与水滴之间的作用方式及叶面绒毛上蜡质的有无有关。

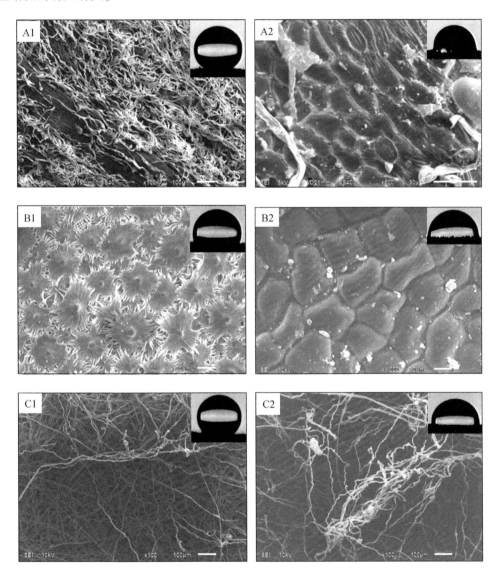

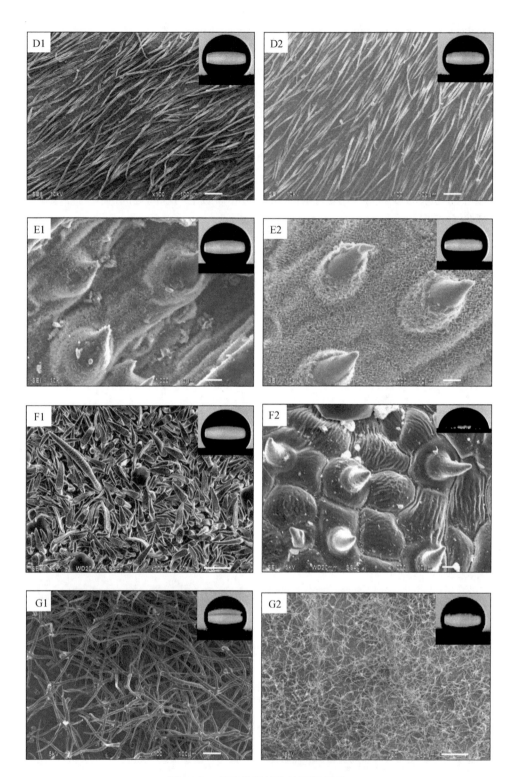

图 2-10　几种典型植物叶面的绒毛

注：1 为背面；2 为正面；A 是细裂叶莲蒿；B 是沙棘；C 是飞廉；

D 是柠条锦鸡儿；E 是虎尾草；F 是黄荆；G 是二球悬铃木

Brewer 等（1991）的研究发现水滴和植物叶面绒毛间存在三种作用规律：一是较低密度的绒毛并不影响水滴的滞留或润湿；二是较低密度的针状长绒毛刺破了水滴表面更易诱导水滴分散成膜；三是高密度绒毛可能形成绒毛冠层促使叶表水滴成珠而滑落。在所研究的植物中，二球悬铃木、槐、榆叶梅（*Prunus triloba* Lindl.）、毛梾、柠条锦鸡儿、飞廉、黄荆、细裂叶莲蒿、沙棘、虎尾草等物种表面着生绒毛，槐正面和背面、二球悬铃木正面和背面、细裂叶莲蒿背面和飞廉背面等均密布纤毛，这些绒毛表面较"钝"，不容易刺破浸入表面的水膜，使得凸包与水膜间产生气泡，水膜被抬起，从而表现出强的疏水性（图2-11）。榆叶梅正面和背面、毛梾背面等物种绒毛密度较小且呈较长的针状，易刺破水膜表面起到了引流的作用，加速了水滴的铺展，从而表现出亲水性（图2-11）。Brewer和 Smith（1994）对5种大豆叶片润湿性的研究发现，稀疏分布绒毛的叶面接触角小，而密布绒毛的叶面具有强的疏水性。杨晓东等（2006）发现苘麻和菊芋叶面上分布有细长毛刺，其接触角仅为43°±2°和46°±2°。

图 2-11　水滴在两种典型的着生绒毛叶面上的形态

注：A 为二球悬铃木正面，B 为榆叶梅正面

此外，还有研究发现绒毛上蜡质晶体的有无是叶面疏水性维持时间长短的重要因素（Neinhuis and Barthlott，1997）。绒毛上无蜡质晶体的物种其疏水性仅维持极短的时间，数分钟后水滴将刺穿绒毛而导致润湿性的变化；对于绒毛上有蜡质的物种而言，即使绒毛长达 2 mm 或稀疏地分布，其疏水性仍能维持较长时间（Neinhuis and Barthlott，1997）。王淑杰等（2005）的研究发现，着生刺毛、呈凸状且具蜡质晶体的莲（*Nelumbo nucifera* Gaertn.）叶正面具有超疏水的特性；而表面有绒毛但具蜡质膜的翠菊［*Callistephus chinensis*（L.）Nees］叶反面与水滴的接触角为97°，表现出弱疏水的特征。

为进一步说明绒毛对叶面润湿性的影响，将二球悬铃木叶面的绒毛用脱脂棉轻轻搓去后重新测定接触角，结果发现二球悬铃木叶片表面绒毛去除后正面和背面的接触角分别由128.1°和125.8°降低为74.7°和75.3°，均降低了近50°，由原来的疏水转变为亲水。荷花玉兰（*Magnolia grandiflora* L.）背面和毛白杨（*Populus tomentosa* Carrière）背面的附属物去除后，叶面的接触角分别由119.5°和131.3°降低到62.0°和104.3°。叶面无毛的二球悬铃木老叶正面和背面呈现亲水特征（接触角分别为77.0°和90.7°），而密生星状毛的幼叶正面和背面则具有疏水特性（接触角分别为107.7°和138.7°）（石辉和李俊义，2009）。由此可见，表面高密度分布的绒毛是一些物种叶片疏水性的原因之一。

2.4 叶表气孔特征对润湿性的影响

2.4.1 气孔观测

将采集的叶片用印迹法（郑淑霞和上官周平，2004）制成临时装片用于气孔观测。用脱脂棉轻拭除去上下表皮的灰尘，用透明指甲油均匀涂抹在叶片正面和背面，完全干燥后揭取，展平制成临时装片，每种植物各制 3 个临时装片，于数码显微镜（日本产奥林巴斯 BX51 型）下随机选取 30 个视野统计 1 mm² 面积上的气孔数目，然后随机选取 50 个气孔测定气孔长度和保卫细胞长度。

2.4.2 气孔对润湿性的影响

气孔的类型和数量能够改变叶片的粗糙程度，且在绝大多数陆生植物中，叶背面气孔数量远多于正面，气孔对叶背面的影响程度较大，因此，叶背面与正面的接触角也会有差异。在所研究的 95 种植物中，有 41 种背面接触角显著大于正面（表2-1），这与气孔的分布特征一致。接触角与气孔长度之间呈负相关关系（$r = -0.181$，$p = 0.052$，图2-12），与保卫细胞长度呈极显著负相关关系（$r = -0.266$，$p = 0.004$，图2-12），与气孔密度（$r = -0.044$，$p = 0.640$，图2-12）和气孔指数（$r = -0.144$，$p = 0.124$，图2-12）之间的相关关系不显著，这与其他研究者的结果不同。在我们前期的研究中，我们发现仅用背面气孔特征参数进行分析时，叶面接触角与气孔密度负相关关系显著，与气孔长度正相关关系显著，但与保卫细胞长度相关性不显著（王会霞等，2010a）。Brewer 和 Nuñez（2007）、Pandey 和 Nagar（2003）认为气孔密度大的叶片接触角大，接触角较大时水与叶面的接触面积较小，降低了叶面和光合气体之间的干扰。而 Kumar 等（2004）的研究表明叶片的润湿性与气孔密度没有相关性。不同的研究者关于气孔密度对植物叶片润湿性影响的研究结果不同，表明气孔对叶面润湿性的影响可能还受其他因素的控制，对此需要进一步的研究。

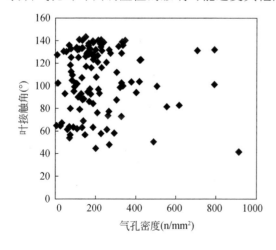
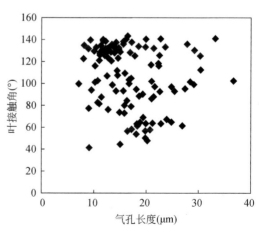

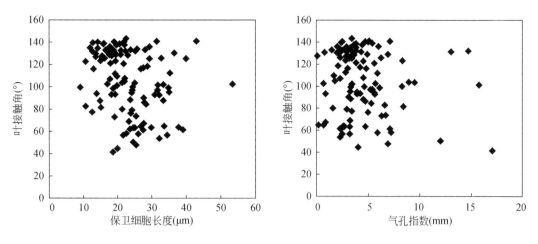

图 2-12　叶面接触角与气孔特征的关系

2.5　叶龄对润湿性的影响

　　9 种植物新叶接触角均大于 90°，属于疏水型叶面；其中日本小檗、槐、银杏和白车轴草叶面的接触角大于 110°（图 2-13）。随着生长期的延长，除白车轴草外，其他 8 种植物叶面接触角均明显降低（图 2-13，t 检验，$P<0.05$）。疏水型的槐、日本小檗和银杏叶接触角变化达 40°以上，亲水型植物老叶接触角较新叶降低 10°～20°。

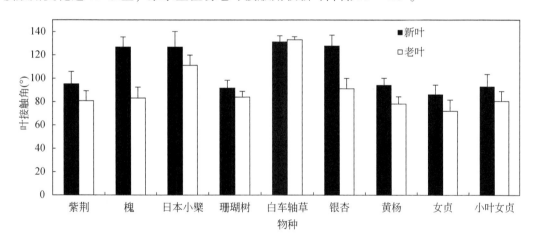

图 2-13　不同生长期叶正面接触角

　　紫荆（*Cercis chinensis* Bunge）新叶面表皮细胞凸起，具有薄的蜡质膜，表面零星分布有粒径小于 10 μm 形状不规则、球体和聚合体状的颗粒物（图 2-14A1）。老叶叶面上能观察到突起的表皮细胞及明显较新叶多的颗粒物（图 2-14A2）。

　　槐新叶正面表皮细胞凸起，表面分布有大量的蜡质晶体，分布均一（图 2-14B1）。随着生长季节变化，正面表皮蜡质受到自然环境、污染物等的影响，数量减少，分布不均一，有较多的颗粒物存在（图 2-14B2）。

珊瑚树（*Viburnum odoratissimum* Ker Gawl.）新叶面上有大量的突起和凹陷，具有蜡质膜（图 2-14C1），而老叶被颗粒物完全覆盖，无法看到叶表皮结构（图 2-14C2）。

白车轴草新叶表皮细胞突起，呈规则的六边形，排列整齐，垂周壁平直，突起的表皮细胞上密布蜡质晶体，分布均一（图 2-14D1）。老叶叶面结构与新叶相比无明显变化（图 2-14D2）。

银杏新叶正面表皮细胞突起，排列较整齐，垂周壁平直或略弯曲，表面密被蜡质晶体，分布均一，表面无颗粒物（图 2-14E1）。老叶正面从扫描电镜图上能观察到突起的表皮细胞，表皮细胞上及细胞间分布有大量的颗粒物；表皮蜡质晶体数量减少，分布不均一，其中部分的表皮蜡质可能受自然环境、污染物等的影响由蜡质晶体转变为无定型形态或蜡质膜（图 2-14E2）。

日本小檗新叶正面表皮细胞突起，表面密布蜡质晶体，分布均一，表面无颗粒物（图 2-14F1）。老叶表皮细胞凸起，表皮细胞上及细胞间分布有较多的颗粒物；受自然环境、污染物等的影响，表皮蜡质晶体可能转变为无定型形态或蜡质膜（图 2-14F2）。

黄杨〔*Buxus sinica*（Rehder & E. H. Wilson）M. Cheng〕新叶正面表皮突起呈瘤状，具有蜡质膜（图 2-14G1），新叶表皮细胞表面及细胞间分布有较多的颗粒物（图 2-14G2）。

女贞新叶正面可观察到大量的突起和凹陷，表面分布有少量颗粒物（图 2-14H1）；而老叶被颗粒物完全覆盖，无法看到叶表皮结构（图 2-14H2）。

小叶女贞新叶表皮细胞凸起，形状不规则，突起的表皮细胞上有大量的脊状皱褶，在表皮细胞之间和皱褶之间零星分布有颗粒物（图 2-14I1）。老叶叶面颗粒物分布密度明显较新叶高，仍可观察到突起的表皮细胞，但表皮细胞上的皱褶由于颗粒物等的机械磨蚀作用而仅在局部存在（图 2-14I2）。

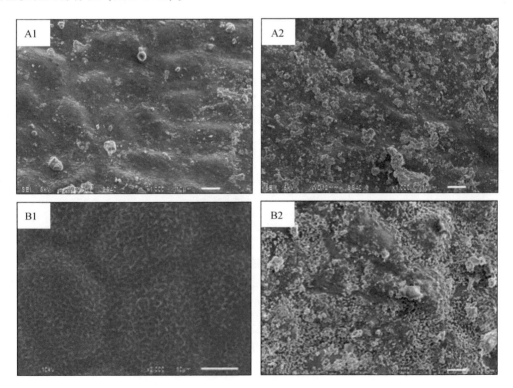

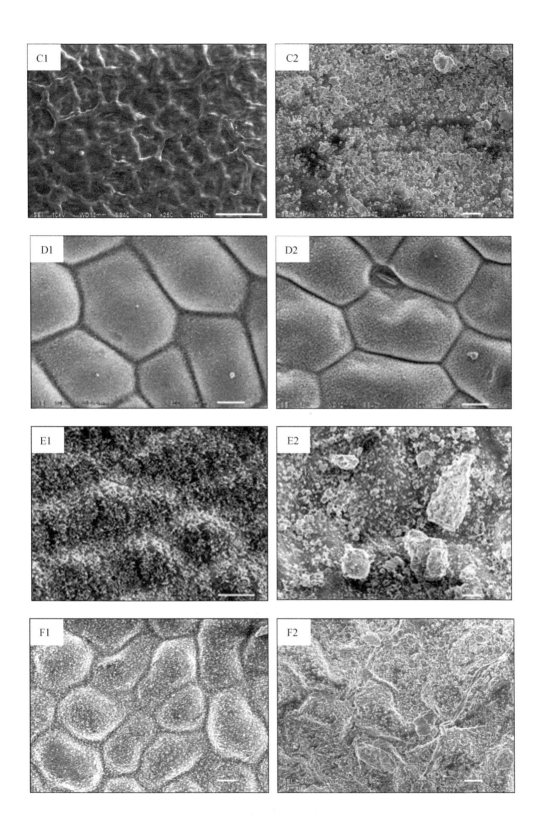

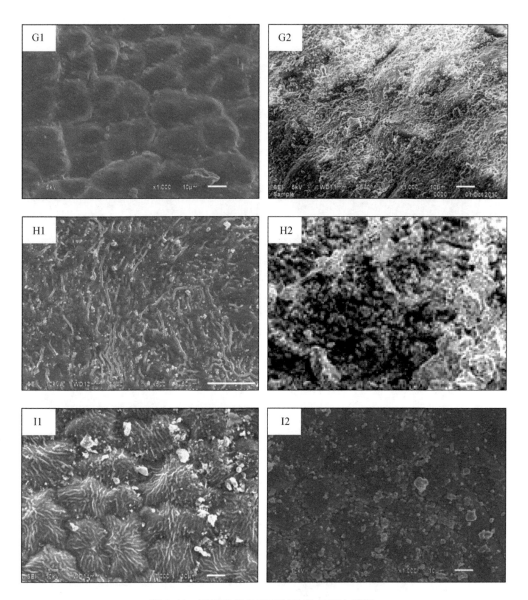

图 2-14　不同叶龄叶正面结构的扫面电镜图

注：1 为新叶；2 为老叶；A 是紫荆；B 是槐；C 是珊瑚树；D 是白车轴草；E 是银杏；

F 是日本小檗；G 是黄杨；H 是女贞；I 是小叶女贞

　　9 种植物叶面润湿性随叶龄而变化的原因可能与叶面蜡质含量、晶体结构和化学组成发生变化有关。植物叶面的蜡质含量、成分及形态结构在不同生长阶段的分布和表达会有所不同（Kurtz，1950；Jetter and Schäffer，2001；Müller and Riederer，2005；Kolodziejek et al.，2006）。Jetter 和 Schäffer（2001）研究了桂樱表皮蜡质的发育过程，发现植株叶片在不同生长期叶面蜡质成分不同。在表皮细胞伸展期，10 d 内每片叶子上积累了大量的烷烃醋酸盐，在叶表形成 30 nm 厚的蜡质层膜。叶伸展 18 d，在逐渐增厚的蜡质层膜里，以醇类为主，同时还有少量的脂肪酸、醛、烷烃酯。Kolodziejek 等（2006）的研究表明，玉蜀黍（*Zea mays* L.）和大麦的叶表皮蜡质形态及其他一些特征在叶片展开、成熟和衰老阶段明显不同。Kurtz（1950）对 13 种植物叶面蜡质与叶龄关系的研究发现，叶龄的影响因物种而异。

　　植物在生长中会遭受水分、温度、污染物等各种环境因子的影响，蜡质作为与外界环境的第一接触面，其产物合成、晶体结构及化学成分的变化均对环境影响敏感（Meusel et al.，1999；Jetter and Schäffer，2001；Müller and Riederer，2005）。外界环境因子及自身生理机制的作用均会引起蜡质成分和形态的改变，如温度（Armstrong and Whitecross，1976；Shepherd et al.，1995）、光照（Abrams and Kubiske，1990；Abram et al.，1994；Skoss，1955；刘家琼等，1987）、湿度（Koch et al.，2006）、臭氧、酸雨、粉尘等污染物（Turunen et al.，1997；Furlan et al.，2006）等环境条件的变化及叶片成熟度的差异（Neinhuis and Barthlott，1998）。Armstrong 和 Whitecross（1976）发现温度较高时，蜡质晶体形态多为水平方向，如板状、片状；而温度较低时，蜡质晶体形态多呈棒状或管状等。白天温度升高时，植物叶蜡质中的烷烃、伯醇、酸和酯等组分的含量会降低；而夜间温度降低则导致烷烃、酸、伯醇的含量升高（Riederer and Schneider，1990）。Bondada 等（1996）对不同水分条件下的陆地棉（*Gossypium hirsutum* L.）作了对比研究，发现干旱胁迫处理的陆地棉叶蜡质中的烃类和醛类组分含量增加，且更易合成长链正构烷烃。受污染的欧洲银冷杉（*Abies alba* Mill），其蜡质晶体逐渐衰变成无定型形态（Bačic et al.，2005）。在硫和重金属污染的作用下，叶表皮蜡质中的叔醇、脂肪酸的含量增加，嫩叶更易受到污染物胁迫而改变蜡质结构和化学组分（Turunen et al.，1997）。Barthlott 等（1998）总结了蜡质成分与形态形成的关系，发现片状蜡质层主要是含有较多的伯醇或有大量的三萜烯成分，管状蜡质主要含有多种 β-二酮、仲醇和二醇。这些蜡质组分对环境条件的敏感程度不同，外界环境条件的变化能够诱导蜡质晶体结构的重组。生长于室外的野甘蓝（*Brassica oleracea* L.）和欧洲油菜（*Brassica napus* L.）较室内生长的多合成正构烷烃、一级醇、长链酯等，而合成的醛类、二酮以及二级醇则较少，而室内外温度的差异可能是造成蜡质化学组分发生转化的原因，因为在较高温度下，醛类易于向一级醇转化。酒神菊属（*Baccharis linearis*）植物叶面蜡质含量随季节变化明显，夏季蜡质含量最高，冬季最低；但夏季叶面蜡质中的极性组分含量较高，而非极性组分含量在冬季则较高（Faini et al.，1999）。对于幼叶疏水的银杏、白车轴草和槐，可能由于叶面蜡质晶体组分的差异及生长过程中蜡质组分的变化而导致润湿性的变化。

　　不同物种的差异可导致蜡质合成和化学组分在遭受环境影响时的表现不同。Koch 等（2006）发现野甘蓝叶在低水分条件下，其蜡质组分中烃类组分会增加；而以叔醇为主成分的旱金莲（*Tropaeolum majus* L.），叶片蜡质含量和链长均未发生明显变化。Neinhuis 和 Barthlott（1998）对银杏、欧洲水青冈和夏栎叶面润湿性的周期性研究发现，不易润湿的银杏在整个生长季接触角均保持在 130°~140°，夏栎叶片在生长初期接触角高达 110°，但随着生长期的延长接触角明显降低，欧洲水青冈叶面的接触角在整个生长季没有明显变化。他们认为造成叶面润湿性差异的可能原因是不同物种叶面蜡质对环境的敏感程度不同。

　　大气颗粒物主要以机械磨蚀作用对叶片造成损伤（Kulshreshtha et al.，1994），从而改变叶面的蜡质结构。王赞红和李纪标（2006）认为不规则的颗粒物具有较为清晰边棱，可能会对叶片造成一定磨损伤害。大叶黄杨（*Buxus megistophylla* H. Lév.）叶片表皮与颗粒物接触的部分出现圆形斑块，斑块颜色和质地与叶片原表皮结构有差异，可能是由于颗粒物造成的叶片表面组织损伤。沉降在叶面上的颗粒物含有水溶性物质，水与叶面接触时更易被吸附在叶面上，这样对叶面有害的物质就容易在水分挥发的过程中在叶面聚集，从而对叶面造成伤害（Burkhardt and Eiden，1990；1994）。

植物叶面润湿性的时间和空间变化特征

不同植物叶面对水的亲和能力具有较大的差异。目前，国外学者对植物叶面润湿性的研究主要集中在叶面接触角的测定及叶面结构，如表皮细胞形态（Neinhuis and Barthlott，1997；Wagner et al.，2003）、附生的绒毛（Brewer and Nuñez，2007；Brewer et al.，1991）、蜡质晶体形态及其疏水性质（Koch et al.，2009）、气孔（Kumar et al.，2004；Brewer and Nuñez，2007）等对润湿性的影响方面。在叶水分状况对接触角的影响以及润湿性的地带性变化方面研究较少。因此，本章以淳化、宜川和神木的典型植被为供试材料，探讨黄土高原区植物叶面润湿性的地带性变化特征；研究 8 种植物离体脱水过程中叶正面和背面接触角随相对含水量的变化，同时结合叶片 PV 曲线和 8 种植物一日中接触角的变化，分析不同叶水分状况对这 8 种植物叶面接触角的影响。

3.1　叶面润湿性的日变化特征

叶水分含量是影响植物生理特性的一个重要因素，也是影响叶面润湿性的一个重要因素（Fogg，1947；Weiss，1988），但关于其对叶片湿润性的影响极少进行研究。Fogg 最早开展了这方面的研究，认为叶面接触角呈现典型的日变化；对离体叶的研究发现，随叶相对含水量的变化叶面接触角变化很大（Fogg，1947）。之后，Weiss 在 1988 年开展了这方面的研究，但与 Fogg（1947）的研究结果明显不一致（Weiss，1988）。此外，Fogg（1947）和 Weiss（1988）的研究主要集中在有限的几种草本植物上，且大多为亲水型植物（接触角小于 110°），因而难以揭示叶水分状况对木本植物和疏水型植物叶面湿润性的影响。此外，一日中叶片相对含水量变化有限，难以衡量严重水分亏缺下叶面湿润性的变化规律。

3.1.1　接触角随叶相对含水量的变化

我们于 2009 年 5 月上旬从树冠的内外上下多点采集银杏、槐、白车轴草、日本小檗、加杨、山樱花、大叶黄杨和黄杨 8 种植物成熟健康叶片。采集的植物叶片基部放入蒸馏水中约 12 h 进行饱和，然后测定饱和重量（W_s），之后在恒温恒湿（温度和湿度分别为 24±2℃和 45%±5%）条件下失水，每隔一段时间后称重（W_t）并测其接触角，直到叶重量变化很小时结束实验。叶片充分饱和时的接触角如表 3-1 所示。

表3-1 供试植物叶片饱和含水量时的接触角（均值±标准差）

物种		接触角(°)		CV（%）	
中文名	拉丁名	正面	背面	正面	背面
加杨	Populus × canadensis Moench	76.8±6.0	70.7±11.9	4.63	6.54
大叶黄杨	Buxus megistophylla H. Lév.	81.0±9.3	85.3±9.8	2.72	4.00
山樱花	Prunus serrulata Lindl.	86.6±4.9	101.2±6.4	1.92	4.11
黄杨	Buxus sinica（Rehder & E. H. Wilson）M. Cheng	95.9±8.6	84.6±11.5	5.22	2.97
银杏	Ginkgo biloba L.	127.3±5.9	135.4±5.1	2.07	2.15
槐	Styphnolobium japonicum var. japonicum（L.）Schott	129.5±8.3	132.0±2.4	1.71	1.45
日本小檗	Berberis thunbergii DC.	130.4±3.2	132.8±3.9	1.71	1.46
白车轴草	Trifolium repens L.	130.6±8.2	68.1±6.4	1.79	7.83

这8种植物中，加杨叶正面和背面、大叶黄杨叶正面和背面、山樱花叶正面和背面、黄杨叶正面和背面及白车轴草叶背面的接触角均小于110°（表3-1，图3-1），属于亲水型叶面。从表3-1可看出：9个亲水型植物叶面中，加杨叶正面和背面、大叶黄杨叶背面、山樱花叶背面、黄杨叶正面及白车轴草叶背面共6个表面的CV值都大于4%，表现出较高的变异性和波动性。

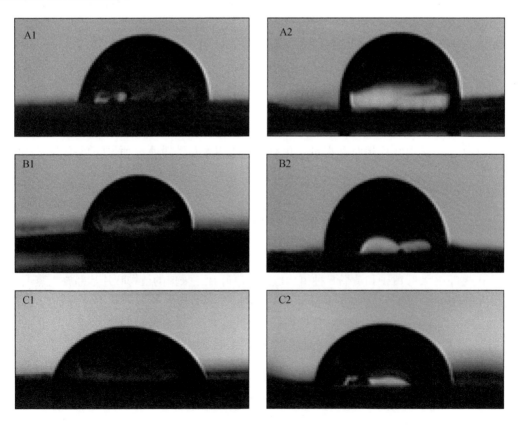

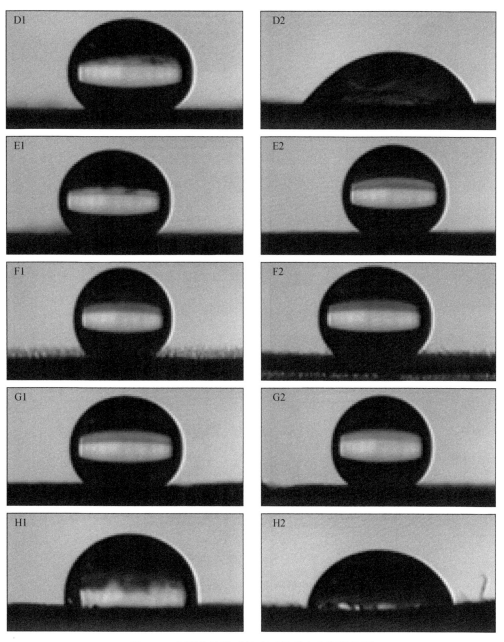

图 3-1 水滴在植物叶片表面的形态和润湿状况

注：1 为正面；2 为背面；A 是山樱花；B 是大叶黄杨；C 是加杨；D 是白车轴草；
E 是银杏；F 是槐；G 是日本小檗；H 是黄杨

　　方差分析表明，相对含水量的变化对加杨叶正面和背面、大叶黄杨叶正面和背面、山樱花叶正面、黄杨叶背面及白车轴草叶背面的接触角并无显著影响；但相对含水量的变化对山樱花叶背面和黄杨叶正面则存在极显著影响。由图 3-2 可知，亲水型叶面接触角随相对含水量的变化可分为三种模式：①除山樱花叶背面和黄杨叶正面外，其他 7 个叶面相对含水量在质外体含水量以上；②相对含水量在质外体含水量以上时，黄杨叶正面接触角随相对含水量的降低而降低；③山樱花叶背面接触角先随相对含水量的下降而下降，当相对

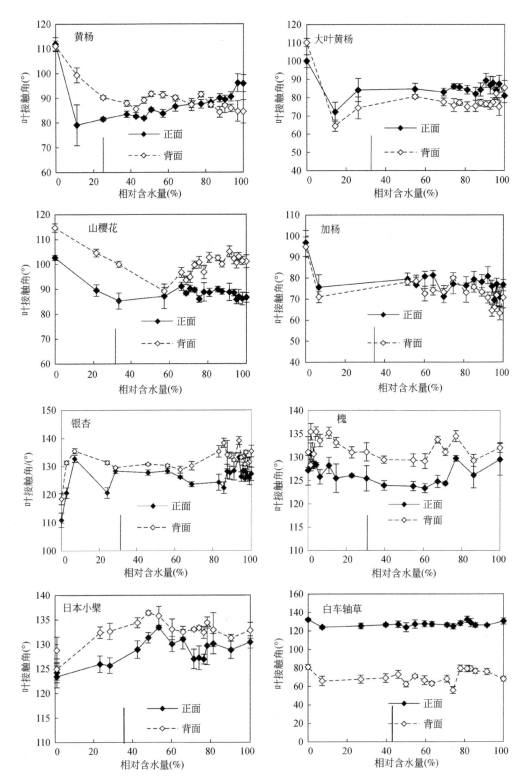

图 3-2 8 种植物叶片正面和背面接触角随相对含水量的变化

注：竖线表示质外体含水量

含水量降至53%左右，接触角最小，此后到质外体含水量之间，接触角则随相对含水量下降而上升，呈现出"V"型变化。

银杏叶正面和背面、槐叶正面和背面、日本小檗叶正面和背面及白车轴草叶正面的接触角都大于110°（图3-1，表3-1），属疏水型叶面。7种疏水性叶面失水过程中接触角变化很小，其变异系数均小于2.5%（表3-1）。方差分析证实相对含水量的变化对接触角影响均不显著。在质外体含水量以上，7种疏水型叶面的接触角均无显著变化（图3-2）。

3.1.2 接触角日变化

选取晴天早晨7~8时、正午13~14时和傍晚19~20时采集植物叶片，然后带回室内进行接触角测定，测定方法同上，正面和背面各重复15次。对应时段的平均温度分别为16℃、23℃和19℃，平均相对湿度分别82%、45%和70.5%。发现8种植物中，只有亲水型山樱花叶正面、大叶黄杨叶正面和黄杨叶背面的接触角表现出日变化（山樱花叶正面：$F=3.864$，$p<0.05$；大叶黄杨叶正面：$F=8.907$，$p<0.05$；黄杨叶背面：$F=26.247$，$p<0.01$）。多重比较结果表明：早晨和正午时的接触角无显著性差异，但傍晚时的接触角明显高于早晨和正午。8种植物中，白车轴草正午时的相对含水量比早晨下降最多，约为16%（表3-2），但其接触角与早晨相比并无明显差异（图3-3）。8种植物傍晚时相对含水量已恢复到接近早晨时的相对含水量（表3-2），但其接触角比早晨高，表明一日之中接触角的变化可能受相对含水量以外的因素所控制。

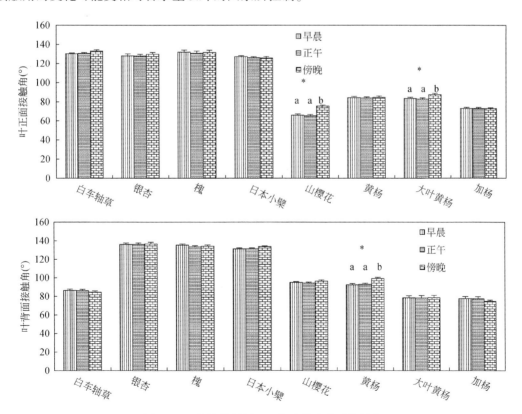

图3-3 8种植物早晨、正午和傍晚的叶接触角

表 3-2 8 种植物早晨、正午和傍晚的叶相对含水量（均值±标注误差）　　　（单位：%）

物种		早晨	正午	傍晚
中文名	拉丁名			
加杨	Populus×canadensis Moench	92.95±0.21	91.47±0.33	94.64±4.84
大叶黄杨	Buxus megistophylla H. Lév.	96.87±0.40	93.49±0.10	97.39±0.27
山樱花	Prunus serrulata Lindl.	97.17±0.24	91.82±0.90	96.28±0.73
黄杨	Buxus sinica（Rehder & E. H. Wilson）M. Cheng	96.17±1.68	94.28±0.64	94.88±0.29
银杏	Ginkgo biloba L.	97.41±0.31	91.28±1.33	97.62±0.32
槐	Styphnolobium japonicum var. japonicum（L.）Schott	93.56±0.35	83.48±0.09	97.22±0.96
日本小檗	Berberis thunbergii DC.	95.78±0.23	94.76±0.03	96.90±0.95
白车轴草	Trifolium repens L.	92.53±0.69	76.63±2.43	93.66±0.79

　　在亲水型叶面中，有 7 种相对含水量在质外体含水量以上时接触角无显著变化，只有山樱花叶背面和黄杨叶正面接触角随相对含水量下降而发生显著的变化，黄杨叶正面接触角随相对含水量下降而下降，而山樱花叶背面则呈现先下降然后再上升的"V"型曲线变化。Fogg（1947）也在离体快速干燥的中生植物——新疆白芥上发现在离体 1h 时，接触角下降至最低值，然后随离体时间的延长，接触角反而增大，但旱生植物小麦叶片则不会出现这种现象。他认为接触角的变化同叶子失水引起的褶皱有关。失水时，首先是角质层失水收缩，角质层就会被扯平附着在水分状况依旧良好的叶肉细胞上，从而导致叶面变平，接触角减小。当进一步失水导致叶肉细胞也失水，角质层就会随内部细胞一起共同发生形变，从而导致糙度增加，接触角增大。不同植物叶片失水过程中其叶片接触角变化趋势不同可能与其维持内外组织相对平衡的能力不同有关。

　　对于疏水型叶面，在质外体含水量以上时其叶接触角并不随相对含水量变化而发生变化。疏水型叶面接触角一般与叶面的附生绒毛、角质层折叠及蜡质晶体引起的糙度增加和蜡质层的疏水性质有关（Koch et al., 2009），这些结构可能对叶含水量的降低不敏感，所以导致接触角无大的变化。尽管引起 8 种植物叶面接触角差异的原因不同，在测定的 8 种植物 16 个叶面接触角日变化中，只有 3 个亲水型叶面的接触角存在明显的日变化。这表明大部分木本植物，特别是疏水型植物叶面接触角无明显的日变化，这与 Weiss（1988）在菜豆、大豆和紫苜蓿上的研究结果相同。尽管山樱花叶正面、大叶黄杨叶正面和黄杨叶背面存在明显的日变化，但早晨和正午的接触角并无显著差异，而傍晚时的接触角则显著高于早晨和正午，这与 Fogg（1947）在小麦和新疆白芥上发现的日变化趋势不同。Fogg（1947）发现在小麦和新疆白芥这两种草本植物上，接触角日变化均是早晨逐渐上升，正午时达到最大，然后逐渐下降。本研究中的 8 种植物一日中相对含水量的变化最高值为 16% 左右（表 3-2），图 3-3 表明，在这样的相对含水量变化范围内，接触角并不存在显著的变化，从一个侧面说明引起接触角日变化的原因可能主要不是叶片水分含量的变化，其他环境要素，如温度、湿度、风速、辐射等也可能影响接触角的日变化，对此值得进一步研究。

在植物叶片可利用水的下限以上，大部分植物叶片的接触角变化不大。叶接触角是植物本身与环境因素共同决定的，叶含水量则主要决定于叶片的吸水与失水的平衡，反映了叶内部的水分生理状况，叶接触角对叶含水量变化的不敏感有助于增加植物叶片抵抗短期环境变化的能力。从研究结果看，植物叶相对含水量变化对疏水型植物叶片接触角无大的影响，但对一些亲水型叶片大批量测定接触角时，则要严格注意采样时间和样品的保存方式，避免一日中因采样时间不同导致的接触角差异和因存放时间不同导致的含水量差异对接触角的影响。

3.2 叶面润湿性的季节变化特征

如图 3-4 所示，槐叶正面的接触角由 4 月新叶的 126.7°降低到 11 月的 73.9°，叶片由斥水转变为亲水特征；但背面的接触角变化不明显，在整个生长季变化于 120.1° ~ 135.9°，均表现为斥水特征。

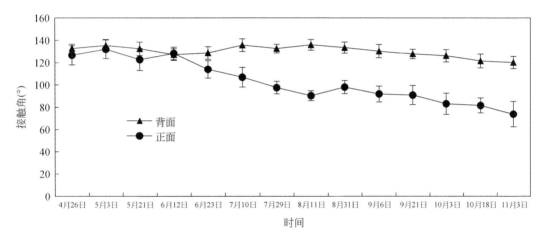

图 3-4 槐叶面润湿性的季节性变化

如图 3-5 所示，二球悬铃木叶正面和背面的接触角随着生长季节变化，到落叶前正面和背面的接触角分别为 70.5°和 67.1°，表现出强的亲水性。

如图 3-6 所示，银杏叶正面的接触角在 4 ~ 6 月上旬在 118.7° ~ 131.7°，7 月上旬 ~ 10月上旬，接触角在 90.3° ~ 100.6°，保持弱疏水的特征，之后接触角逐渐下降至落叶前的79.4°。但银杏叶背面的接触角在 11 月前变化不明显，变化介于 113.2° ~ 136.0°，表现为斥水特征，仅在 11 月落叶前有较明显的下降，其接触角为 106.0°。

如图 3-7 所示，雪松叶正面和背面接触角差异相对较小，但同样表现出随生长季节接触角下降的特征。在 4 月，叶片正面和背面接触角介于 103.7° ~ 119.5°；在 5 月下旬 ~ 9月下旬，接触角降低到 90°，而在冬季叶面接触角在 60° ~ 70°。

如图 3-8 所示，油松叶正面和背面接触角差异较小，在整个生长季叶正面和背面的接

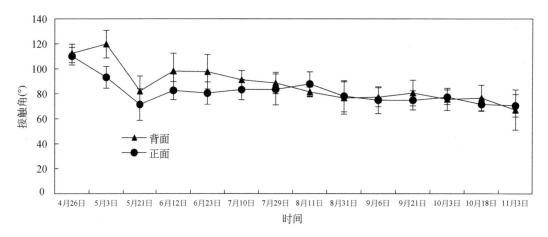

图 3-5　二球悬铃木叶面润湿性的季节性变化

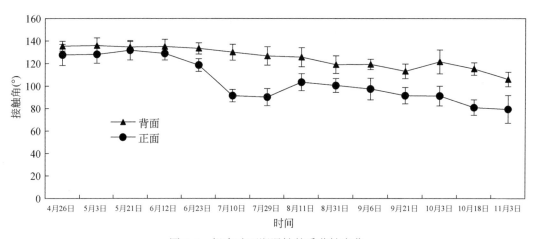

图 3-6　银杏叶面润湿性的季节性变化

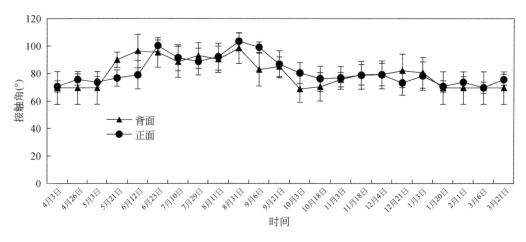

图 3-7　雪松叶面润湿性的季节性变化

触角分别介于 47.5°~84.3° 和 60.3°~75.3°，表现出强的亲水性；但同样表现出随叶生长期延长接触角下降的特征。

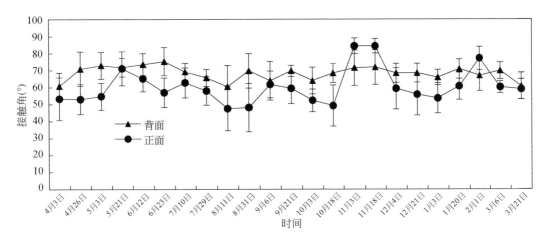

图 3-8　油松叶面润湿性的季节性变化

如图 3-9 所示，女贞叶正面接触角随生长期延长变化不明显，变化介于 63.4°~93.3°，表现出亲水特征；叶背面表现出同样的变化趋势，接触角变化介于 59.2°~85.2°。

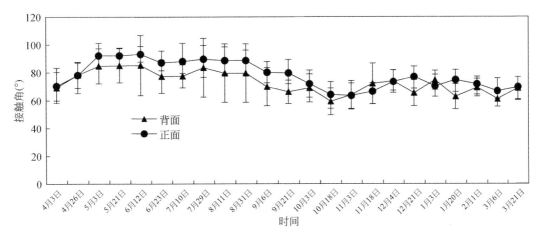

图 3-9　女贞叶面润湿性的季节性变化

3.3　叶面润湿性的地带性变化特征

叶面润湿性有明显的地带性变化，但是关于叶面润湿性地带性变化的研究相对较少。Brewer 和 Nuñez（2007）最早开展了这方面的研究，他们的研究区域涉及干草原（年均降水量 750 mm）、群落交错区（年均降水量 1100 mm、1200 mm、1300 mm、1800 mm）、热带雨林（年均降水量 3000 mm）。研究发现：叶面接触角呈现典型的地带性变化，从干草原的大接触角到中等和高湿度下的小接触角。他们认为干旱地区生长的植物具有较强的疏水性，使其表面的水滴更易滑落至地面，从而增加土壤中的水分，有利于保持植物本身的水分平衡。此后，Holder（2007）研究了危地马拉（年均降水量超过 5000 mm、1050 mm）和美国科罗拉多（年均降水量 442 mm）地区植物叶面的润湿性，发现叶面润湿性随降水量的增多而变得易润湿。他认为在热带雨林中生长的植物叶片以易润湿居多，可能是由于降水量较大及山中多雾的环境导致相对湿度很大，叶片连续处于不利于表皮蜡质维持的环境中，且润湿的叶面微环境易于生长附生生物，造成叶面结构的破坏。Brewer 和 Nuñez（2007）及 Holder（2007）的研究区域降水梯度很大，分别为 750～3000 mm、442～5000 mm，因而难以揭示相对较小的降水梯度下植物叶面润湿性的变化特征。此外，各地大气环境条件及光照和温度等存在较大差异，可能会造成植物自身的生理特性的改变，从而表现出不同的沿降水梯度的变化趋势。

3.3.1 黄土高原地带性植被

本研究以陕西省为研究区域，在充分调查区域内植被的基础上设置了 3 个采样点，分别为淳化、宜川和神木。

淳化采样点位于淳化县仲山生态森林公园，距淳化县城西南约 4 km。淳化县地处东经 108°18′～108°50′、北纬 34°43′～35°03′，属典型的黄土高原沟壑区，海拔 630～1809 m，属温带半干旱区，具有明显的大陆性季风气候特征，年平均气温 9.8℃，极端气温 39.4℃、-21.3℃，平均气温从 1 月的-4.3℃到 7 月的 23.1℃，无霜期 183 d，多年年均降水量 650.0 mm，年日照 2373 h。土壤具有明显的由褐土带向黑垆土带过渡的性质，7～9 月降水量占年降水量的 50% 以上。植被主要有山杨、油松、胡颓子（Elaeagnus pungens Thunb.）、黄刺玫、荚蒾（Viburnum dilatatum Thunb. in Murray）、黄栌（Cotinus coggygria Scop）、山杏〔Prunus sibirica（L.）Lam.〕、刺槐等。

宜川采样点位于宜川县铁龙湾林场的松峪沟内，距宜川县城西南约 10km。宜川县位于陕西省北部延安市东南，地处东经 109°41′～110°32′、北纬 35°42′～36°23′，属黄土高原丘陵沟壑区，海拔 860～1200 m，属温带半干旱区，具有明显的大陆性季风气候特征，年平均气温 9.7℃，极端气温 39.9℃、-22.4℃，平均气温从 1 月的-5.7℃到 7 月的 23.3℃，无霜期 167 d，多年年均降水量 584.0 mm，年日照 2436 h。土壤主要为褐色森林土，7～9 月降水量占年降水量的 60% 以上。地带性植被为落叶阔叶林、温性针叶林和落叶灌丛，主要有油松、蒙古栎、黄刺玫、绣线菊（Spiraea salicifolia L.）、刚毛忍冬（Lonicera hispida Pall. ex Schult.）、荚蒾、黄荆、连翘、细裂叶莲蒿等。

神木采样点位于六道沟流域，距神木县城西约 14 km。神木县地处东经 109°40′～110°54′、北纬 38°13′～39°27′，属半干旱大陆性季风气候，海拔 739～1449 m。位于黄土高原长城风沙沿线，是黄土高原向毛乌素沙漠过渡、森林草原向典型干旱草原过渡的地带，又属于流水作用的黄土丘陵区向干燥剥蚀作用的鄂尔多斯高原过渡的水蚀风蚀交错带，是典型的农牧交错带，同时也是环境变化对煤田开发响应的敏感区，是国家生态环境建设八大类型区之一。神木年平均气温 8.4℃，极端气温 38.9℃、-28.1℃，平均气温从 1 月的-10.2℃到 7 月的 24.1℃，无霜期 169 d，多年年均降水量 440.8 mm，7～9 月降水量占年降水量的 60% 以上，年日照 2876 h。地带性植被主要有草木樨、苦荬菜、沙芦草、柠条锦鸡儿、斜茎黄芪、沙蒿、北沙柳、小叶杨、踏郎、紫苜蓿、紫穗槐、硬质早熟禾等。

所研究的植物共 106 种，其中淳化 41 种，宜川 37 种，神木 28 种，属于 32 个科，基本性状如表 3-3 所示。我们于 2009 年 5 月中旬至 6 月中旬从树冠的内外上下多点采集成熟健康叶片，每种植物采集约 200 片。将采集的植物叶样用自封袋封存后置于 4℃ 保温盒中保存，然后带回实验室于 4℃ 冰箱中保存备用。为减小保存时间差异可能对实验造成的影响，每个采样点的物种叶面接触角的测定在 2d 内完成。

3.3.2　黄土高原植物叶面润湿性地带性特点

表 3-3 是 106 种供试植物叶片的接触角大小结果。方差分析表明，物种间及叶片正面和背面间接触角具有显著差异（$p<0.001$）。106 种植物中有 43 种叶片背面接触角显著大于正面（成对 t 检验，$p<0.05$），有 18 种叶片正面接触角显著大于背面（成对 t 检验，$p<0.05$），其余 45 种正面和背面接触角无显著差异（成对 t 检验，$p>0.05$）。在不同的研究区域，叶正面和背面的接触角差异变化不同。淳化的 41 种植物中，有 6 种叶片正面接触角显著大于背面（成对 t 检验，$p<0.05$），18 种叶片背面接触角显著大于正面（成对 t 检验，$p<0.05$），17 种叶片正面和背面接触角差异不显著（成对 t 检验，$p>0.05$）。宜川的 37 种植物中，有 5 种叶片正面接触角显著高于背面（成对 t 检验，$p<0.05$），17 种叶片背面接触角显著高于正面（成对 t 检验，$p<0.05$），而 15 种叶片正面和背面的接触角差异不显著（成对 t 检验，$p>0.05$）。神木的 28 种植物中，有 7 种叶片正面接触角显著高于背面（成对 t 检验，$p<0.05$），8 种叶片背面接触角显著高于正面（成对 t 检验，$p<0.05$），13 种叶片正面和背面接触角差异不显著（成对 t 检验，$p>0.05$）。

所测定植物叶片正面接触角大小从山榆（神木）的 50.9° 到针茅（宜川）的 144.0°，其均值为 99.0；背面接触角大小则从虎榛子（宜川）的 44.6° 到艾（淳化）的 143.4°，均值为 105.6；接触角大小在 40°~145°，均值为 102.3（表 3-3）。淳化供试植物叶片正面接触角大小从油松的 59.2° 到黄栌的 137.0°，均值为 91.6；背面接触角大小则从紫丁香的 47.8° 到艾的 143.4°，均值为 101.1；接触角大小在 40°~145°，均值为 97.9（表 3-3）。宜川供试植物叶片正面接触角大小从墓头回（*Parinia heterophylla* Bunge）的 60.9° 到针茅的 144.0°，均值为 98.6；背面接触角大小则从虎榛子的 44.6° 到绣线菊的 142.5°，均值为 107.1；接触角大小在 40°~145°，均值为 102.8（表 3-3）。神木供试植物叶片正面接触角大小从兴山榆的 50.9° 到虎尾草的 139.9°，均值为 107.3；背面接触角大小则从兴山榆的 50.4° 到苦荬菜的 140.4°，均值为 109.6；接触角大小在 40°~145°，均值为 107.8（表 3-3）。

不同采样点植物叶片正面和背面接触角有显著差异（$p<0.001$，表 3-3），从神木—宜川—淳化依次降低（表 3-3）。胡枝子和枣是在三个采样点均有分布的物种，而山杏、沙棘、绣线菊、榆树、荬菜、胡颓子、刚毛忍冬（*Lonicera hispida* Pall. ex Schult.）、杜梨（*Pyrus betulifolia* Bunge）、连翘、白刺花（*Sophora davidii* var. *davidii*）、刺槐、艾、油松、

表3-3　供试植物叶接触角及叶基本性状

采样点	物种 中文名	物种 拉丁名	接触角(°) 正面	接触角(°) 背面	蜡质含量(g/m²) 正面	蜡质含量(g/m²) 背面	气孔密度(mm²) 正面	气孔密度(mm²) 背面	绒毛 正面	绒毛 背面	气孔长度(μm) 正面	气孔长度(μm) 背面	保卫细胞长度(μm) 正面	保卫细胞长度(μm) 背面
	艾	*Artemisia argyi* H. Lév. & Vaniot	108.1±22.2	143.4±4.1	1.42±0.28	0.99±0.11	—	149.2±37.3	+	+	—	16.4±2.5	—	22.6±3.1
	黄栌	*Cotinus coggygria* Scop.	137.0±5.6	140.2±5.4	0.69±0.05	0.56±0.05	—	347.4±32.7	—	—	—	11.7±1.8	—	14.3±1.8
	野艾蒿	*Artemisia lavandulaefolia* DC. Prodr.	93.2±8.2	107.7±6.3	1.14±0.17	0.54±0.02	47.3±49.0	202.8±24.7	+	+	14.2±3.1	14.5±3.0	18.3±2.3	22.2±2.5
	山楂	*Crataegus pinnatifida* Bunge	85.2±15.4	93.0±9.6	0.45±0.05	0.37±0.04	—	126.8±24.9	—	+	—	25.4±4.5	—	30.9±5.4
	杭子梢	*Campylotropis macrocarpa* (Bunge) Rehder	121.6±11.8	139.7±5.5	0.46±0.01	0.69±0.11	—	185.1±31.5	—	+	—	9.3±1.6	—	12.8±1.5
	紫丁香	*Syringa oblata* Lindl.	109.6±6.5	47.8±12.4	0.79±0.09	0.39±0.08	84.5±18.6	269.6±43.9	—	—	15.9±3.6	20.2±3.1	19.9±3.1	25.5±3.5
	毛樱桃	*Prunus tomentosa* Thumb.	110.1±6.6	132.0±14.1	0.66±0.13	0.76±0.15	—	No data	—	+	—	No data	—	No data
	三脉紫菀	*Aster ageratoides* Turcz.	82.3±6.6	92.6±6.6	0.39±0.03	0.41±0.05	—	112.4±21.2	—	+	—	19.3±1.9	—	27.7±4.7
	茅莓	*Rubus parvifolius* L.	87.0±5.9	141.1±5.1	0.53±0.09	0.36±0.11	—	No data	—	+	—	No data	—	No data
	黄精	*Polygonatum sibiricum* Redouté	67.5±14.7	118.5±12.5	0.45±0.12	0.53±0.15	—	74.8±17.4	—	—	—	22.3±3.4	—	28.8±3.6
淳化	紫花地丁	*Viola philippica* Cav.	64.8±10.8	63.5±11.9	0.24±0.03	0.21±0.01	5.9±6.4	89.2±14.3	—	—	24.8±4.0	19.9±3.1	33.6±3.9	29.9±3.5
	蛇莓	*Duchesnea indica* (Andrews) Teschem.	75.8±7.0	56.6±15.9	0.34±0.03	0.27±0.04	—	146.6±19.6	—	—	—	16.4±2.2	—	21.7±2.8
	金茅	*Eulalia speciosa* (Debeaux) Kuntze	111.4±13.5	120.8±5.7	0.22±0.07	0.17±0.03	—	253.8±65.7	+	+	—	13.3±1.4	—	21.9±2.2
	地榆	*Sanguisorba officinalis* L.	66.1±16.7	128.9±6.2	0.45±0.05	0.32±0.05	—	330.2±92.4	—	—	—	15.0±3.3	—	21.0±3.4
	大戟	*Euphorbia pekinensis* Rupr.	116.3±16.4	132.1±5.9	0.41±0.01	0.36±0.05	—	169.9±34.9	—	—	—	14.3±2.6	—	22.4±2.1
	日本续断	*Dipsacus japonicus* Miq.	64.6±9.3	57.8±11.4	0.51±0.02	0.44±0.01	25.4±19.1	227.4±31.4	+	—	18.8±2.0	20.7±2.2	26.9±2.7	26.1±2.9
	芦苇	*Phragmites australis* (Cav.) Trin. ex Steud.	123.2±5.8	131.1±6.3	0.52±0.01	0.58±0.03	424.3±52.7	705.7±77.0	+	+	14.6±2.3	11.6±1.3	19.5±2.2	18.4±1.6
	南蛇藤	*Celastrus orbiculatus* Thumb.	85.3±9.0	88.3±19.1	0.69±0.08	0.31±0.13	—	348.6±47.4	—	—	—	15.8±2.6	—	21.3±3.3
	山杏	*Prunus sibirica* L.	91.0±5.8	83.9±13.9	0.58±0.08	0.58±0.02	—	344.4±42.1	—	—	—	25.8±2.9	—	32.1±3.1
	胡枝子	*Lespedeza bicolor* Turcz.	126.9±9.2	136.1±3.3	0.56±0.04	0.67±0.03	149.6±20.1	158.5±27.8	—	+	11.1±1.4	10.0±1.2	15.6±1.6	13.7±1.7

采样点	物种 中文名	物种 拉丁名	接触角(°) 正面	接触角(°) 背面	蜡质含量(g/m²) 正面	蜡质含量(g/m²) 背面	气孔密度(mm²) 正面	气孔密度(mm²) 背面	绒毛 正面	绒毛 背面	气孔长度(μm) 正面	气孔长度(μm) 背面	保卫细胞长度(μm) 正面	保卫细胞长度(μm) 背面
	金钱槭	*Dipteronia sinensis* Oliv.	83.6±14.5	74.1±21.3	0.49±0.04	0.44±0.04	—	312.3±30.4	+	+	—	14.8±2.9	—	21.7±3.0
	杜仲	*Eucommia ulmoides* Oliv.	69.4±15.2	77.8±12.9	0.30±0.07	0.36±0.08	6.3±6.4	590.4±71.7	—	+	20.6±2.3	12.5±2.2	26.7±2.4	19.9±2.3
	朴树	*Celtis sinensis* Pers.	79.5±5.7	78.0±11.4	0.36±0.05	0.35±0.08	—	507.1±44.0	—	—	—	10.6±1.7	—	16.1±1.9
	山蓼	*Oxyria digyna* (L.) Hill	78.2±10.7	86.1±11.4	0.29±0.10	0.31±0.08	9.3±10.0	140.7±20.3	+	+	19.4±4.1	19.0±4.4	28.2±3.7	24.4±5.0
	蒿属	*Artemisia* Linn.	95.0±8.6	121.6±11.8	1.14±0.17	0.54±0.02	No data	No data	—	+	No data	No data	No data	No data
	黑弹树	*Celtis bungeana* Blume	86.0±11.0	91.6±7.5	0.34±0.02	0.27±0.04	—	307.7±46.6	—	—	—	13.1±2.3	—	17.6±2.8
	白颖薹草	*Carex duriuscula subsp. rigescens* (Franch.) S. Y. Liang & Y. C. Tang	83.0±7.6	90.8±5.5	0.77±0.13	0.69±0.12	—	248.4±62.6	—	—	—	15.3±1.6	—	21.8±2.1
	剑叶沿阶草	*Ophiopogon jaburan* (Siebold) Lodd.	123.9±4.0	73.4±8.1	0.14±0.01	0.14±0.05	—	—	—	—	—	—	—	—
	青榕槭	*Acer davidii* Franch.	86.4±8.2	132.7±4.7	0.44±0.09	0.42±0.07	—	87.9±15.6	—	—	—	11.3±1.9	—	18.5±2.7
	黄背勾儿茶	*Berchemia flavescens* (Wall.) Brongn.	86.3±12.3	111.3±9.5	0.56±0.02	0.38±0.05	—	136.5±21.2	—	—	—	20.1±3.2	—	27.1±4.0
淳化	油松	*Pinus tabuliformis* Carrière	59.2±4.8	59.4±11.1	1.27±0.08		No data	No data	—	—	No data	No data	No data	No data
	刺槐	*Robinia pseudoacacia* L.	134.4±4.0	138.4±8.8	0.57±0.09	0.60±0.10	—	251.1±64.3	—	—	—	9.0±1.2	—	12.4±1.2
	白闷花	*Sophora davidii var. davidii*	110.9±10.4	137.5±5.4	0.57±0.10	0.41±0.07	—	275.1±34.1	—	+	—	13.0±1.5	—	17.5±1.9
	黄刺玫	*Rosa xanthina* Lindl.	116.0±10.0	127.9±9.4	0.86±0.03	0.46±0.05	—	149.2±23.5	—	—	—	14.5±1.8	—	20.1±3.1
	连翘	*Forsythia suspensa* (Thunb.) Vahl	70.9±10.6	73.5±13.3	0.64±0.03	0.28±0.03	—	337.7±41.1	+	—	—	18.2±2.9	—	22.7±2.5
	杜梨	*Pyrus betulifolia* Bunge	99.9±5.2	103.8±4.5	0.70±0.05	0.62±0.04	—	180.9±27.8	—	—	—	20.0±3.7	—	26.2±4.5
	刚毛忍冬	*Lonicera hispida* Pall. ex Schult.	87.7±14.6	49.5±12.4	0.45±0.07	0.57±0.08	—	277.6±26.9	+	+	—	15.9±2.5	—	20.4±3.3
	胡颓子	*Elaeagnus pungens* Thunb.	85.5±5.6	95.1±4.3	0.47±0.02	0.17±0.01	—	461.2±108.5	—	—	—	7.7±1.2	—	10.4±1.8
	荚蒾	*Viburnum dilatatum* Thunb. in Murray	82.7±6.7	83.0±12.8	0.79±0.06	0.44±0.05	—	198.2±47.8	—	+	—	24.1±3.3	—	34.1±4.7
	枣	*Ziziphus jujuba* Mill.	86.9±6.9	90.4±4.5	0.44±0.03	0.89±0.02	—	362.6±36.6	—	—	—	18.2±2.7	—	26.2±3.5
	绣线菊	*Spiraea salicifolia* L.	111.9±9.2	136.1±6.2	0.63±0.03	0.38±0.02	—	474.9±161.5	+	+	—	12.1±1.8	—	16.1±2.4

3　植物叶面润湿性的时间和空间变化特征

续表

采样点	物种		接触角（°）		蜡质含量（g/m²）		气孔密度（mm²）		绒毛		气孔长度（μm）		保卫细胞长度（μm）	
	中文名	拉丁名	正面	背面	正面	背面	正面	背面	正面	背面	正面	背面	正面	背面
	山杨	*Populus davidiana* Dode	119.3±13.2	131.2±8.0	0.72±0.08	0.49±0.05	No data	231.2±34.5	—	—	—	14.7±2.8	—	18.8±2.7
	油松	*Pinus tabuliformis* Carrière	66.5±4.2	62.6±8.5	1.25±0.12		No data	No data	—	—	—	No data	No data	No data
	蒙古栎	*Quercus mongolica* Fisch. ex Ledeb.	88.9±24.5	132.0±4.6	0.72±0.07	0.49±0.05	—	792.0±73.5	—	—	—	12.2±1.3	—	18.5±2.0
	刺槐	*Robinia pseudoacacia* L.	130.1±7.1	131.9±3.7	0.59±0.09	0.53±0.01	—	267.5±71.1	—	—	—	8.9±1.2	—	12.7±1.3
	白桦	*Betula platyphylla* Sukaczev	91.0±6.8	63.3±17.6	0.82±0.04	1.51±0.35	—	186.4±35.6	—	+	—	22.8±4.7	—	25.1±4.2
	黄荆	*Vitex negundo* L.	72.5±9.6	123.7±3.8	0.92±0.04	0.72±0.05	No data	No data	—	+	—	No data	—	No data
	白刺花	*Sophora davidii* var. *davidii*	127.5±8.7	139.0±3.9	0.62±0.14	0.42±0.04	8.9±13.8	333.0±93.6	—	+	12.2±1.7	11.7±1.8	15.7±2.4	16.1±2.0
	黄刺玫	*Rosa xanthina* Lindl.	129.2±5.8	136.1±4.5	0.65±0.20	0.51±0.02	—	336.8±37.9	—	—	—	15.6±2.5	—	17.9±2.5
	山桃	*Prunus davidiana* (Carrière) Franch.	79.0±26.2	117.2±12.6	0.92±0.02	0.52±0.12	—	152.1±18.2	—	—	—	20.9±4.5	—	27.6±4.3
	沙棘	*Hippophae rhamnoides* Linn.	99.5±4.0	102.2±5.9	0.55±0.05	0.88±0.42	No data	No data	—	—	—	No data	—	No data
	连翘	*Forsythia suspensa* (Thunb.) Vahl	74.5±10.8	73.0±6.1	0.70±0.05	0.29±0.05	—	329.0±46.1	—	—	—	15.8±2.5	—	19.2±2.8
宜川	苦参	*Sophora flavescens* Aiton	124.6±5.0	138.5±4.2	0.59±0.12	0.49±0.09	—	187.2±25.5	—	+	—	15.6±2.5	—	20.7±2.4
	羊草	*Leymus chinensis* (Trin. ex Bunge) Tzvelev	130.4±6.7	101.7±7.9	0.70±0.10	0.79±0.26	54.5±19.7	106.9±19.6	—	—	29.2±3.8	28.4±2.3	36.6±3.6	31.8±3.6
	杜梨	*Pyrus betulifolia* Bunge	95.2±5.4	97.2±4.1	0.70±0.04	0.44±0.07	—	169.9±21.0	—	+	—	21.6±2.8	—	31.7±3.2
	刚毛忍冬	*Lonicera hispida* Pall. ex Schult.	67.0±20.9	98.7±9.1	0.44±0.04	0.66±0.05	—	322.9±52.7	+	+	—	13.5±1.8	—	18.8±2.8
	胡颓子	*Elaeagnus pungens* Thunb.	80.9±22.5	99.7±17.9	0.55±0.06	0.46±0.03	—	504.9±150.6	—	—	—	7.1±1.2	—	9.1±1.2
	胡枝子	*Lespedeza bicolor* Turcz.	126.1±5.8	129.7±4.6	0.57±0.15	0.71±0.11	149.6±20.1	158.5±27.8	—	+	11.1±1.4	10.0±1.2	15.6±1.6	13.7±1.6
	互叶醉鱼草	*Buddleja alternifolia* Maxim.	87.7±15.9	137.0±6.8	0.58±0.04	0.48±0.08	—	No data	+	+	—	No data	—	No data
	栾树	*Koelreuteria paniculata* Laxm.	88.1±13.6	82.8±8.9	1.18±0.20	0.28±0.04	—	616.1±61.4	—	—	—	10.7±1.4	—	10.7±1.4
	朝天委陵菜	*Potentilla supina* L.	107.2±16.0	94.1±15.8	0.73±0.09	0.70±0.03	—	402.3±53.4	—	—	—	9.5±1.2	—	13.9±2.1
	枣	*Ziziphus jujuba* Mill.	77.0±18.0	103.5±7.9	0.93±0.19	0.66±0.07	—	378.2±33.0	—	—	—	16.7±3.0	—	25.1±3.3
	灰栒子	*Cotoneaster acutifolius* Turcz.	125.7±10.5	116.1±15.8	1.46±0.26	1.29±0.06	—	177.1±30.6	+	+	—	22.4±3.9	—	26.9±3.4

采样点	中文名	拉丁名	接触角 (°) 正面	背面	蜡质含量 (g/m²) 正面	背面	气孔密度 (mm²) 正面	背面	绒毛 正面	背面	气孔长度 (μm) 正面	背面	保卫细胞长度 (μm) 正面	背面
	野棉花	Anemone vitifolia Buch.-Ham. ex DC.	102.5±9.5	141.0±4.1	0.31±0.05	0.29±0.06	12.7±6.7	118.3±20.9	+	+	36.7±4.7	33.2±6.9	53.4±6.7	43.0±8.2
	榆树	Ulmus pumila L.	63.7±8.6	61.3±9.8	0.70±0.14	0.41±0.01	—	257.4±33.3	—	—	—	18.3±2.4	—	27.5±4.5
	牛尾蒿	Artemisia dubia Wall. ex Bess.	134.0±12.5	140.4±3.0	1.69±0.06	0.63±0.02	—	212.1±20.5	+	+	—	19.9±2.6	—	22.0±3.3
	针茅	Stipa capillata L.	144.0±2.5	75.6±3.2	1.27±0.20	1.15±0.46	No data	No data	+	—	No data	No data	No data	No data
	柴胡	Bupleurum chinense DC.	127.7±3.7	128.0±7.1	0.71±0.05	0.55±0.09	186.4±37.8	165.2±32.4	—	—	11.1±3.2	13.9±1.7	15.5±3.2	18.4±2.7
	黑桦	Betula dahurica Pall.	82.7±12.6	81.5±21.2	1.20±0.10	1.09±0.09	—	554.9±48.0	+	+	—	11.0±2.0	—	15.2±1.8
	虎榛子	Ostryopsis davidiana Decne.	91.0±23.1	44.6±10.6	0.76±0.07	0.55±0.11	—	199.9±28.8	+	+	—	15.0±2.4	—	20.0±2.3
宜川	细裂叶莲蒿	Artemisia gmelinii Weber ex Stechm.	104.9±10.5	140.8±6.8	0.42±0.05	0.56±0.08	83.3±19.3	226.5±59.6	+	+	17.1±2.3	22.7±3.5	22.1±2.4	31.5±4.5
	绣线菊	Spiraea salicifolia L.	90.6±24.1	142.5±5.4	0.60±0.13	0.40±0.17	—	436.7±149.5	+	+	—	11.7±1.7	—	15.6±2.2
	委陵菜	Potentilla chinensis Ser.	98.5±13.7	135.1±8.3	0.45±0.09	0.21±0.03	No data	No data	—	—	No data	No data	No data	No data
	羊须草	Carex callitrichos V. I. Krecz. in Komarov	84.0±10.7	77.3±8.9	1.29±0.20	0.77±0.10		267.1±35.5	—	—	—	9.0±1.5	—	12.6±1.6
	荚蒾	Viburnum dilatatum Thunb. in Murray	92.2±15.0	90.7±29.0	0.88±0.16	0.46±0.03	No data	164.4±25.9	+	+	—	20.7±2.6	No data	28.0±2.7
	龙芽草	Agrimonia pilosa Ledeb.	69.0±9.2	58.2±10.4	0.45±0.09	0.21±0.03	No data	No data	—	+	No data	No data	No data	No data
	墓头回	Parnia heterophylla Bunge	60.9±9.2	95.2±13.3	0.54±0.10	0.41±0.09	—	256.5±36.1	—	+	—	17.6±3.5	—	28.1±4.2
	艾	Artemisia argyi H. Lév. & Vaniot	114.1±21.0	137.3±3.4	1.48±0.37	1.06±0.19	9.3±12.0	177.9±34.0	+	+	20.2±3.4	21.1±2.4	27.9±4.5	25.9±4.1
	朝阳隐子草	Cleistogenes hackelii (Honda) Honda	127.0±5.2	116.2±7.2	1.08±0.08	0.88±0.09	209.2±25.1	229.2±69.3	—	—	11.2±1.2	10.2±1.1	13.7±1.3	13.0±1.3
神木	草木樨	Melilotus officinalis (L.) Pall.	125.8±5.8	123.4±5.7	0.50±0.01	0.47±0.10	196.5±26.0	187.2±26.8	+	+	12.0±1.7	12.7±2.4	16.3±1.9	15.1±2.2
	飞廉	Carduus nutans L.	94.7±9.2	139.5±5.3	0.56±0.06	0.40±0.09	160.2±29.1	No data	+	—	18.1±2.4	No data	24.2±2.7	No data
	蒺藜	Tribulus terrester L.	102.6±4.2	135.7±5.7	0.54±0.05	0.23±0.05	330.5±40.4	163.1±28.2	+	+	10.7±1.4	13.4±2.0	17.1±2.0	17.8±2.3
	鹅绒藤	Cynanchum chinense R. Br.	132.9±6.7	137.7±8.3	0.55±0.06	0.40±0.12	77.3±20.9	164.8±29.8	+	+	12.8±2.0	17.2±3.7	18.9±1.6	22.1±3.1
	苦荬菜	Ixeris polycephala Cass. ex DC.	133.9±6.2	140.4±7.3	0.67±0.10	0.50±0.06	105.5±18.6	133.5±32.9	—	—	18.5±2.4	16.1±2.8	25.8±2.8	19.1±3.2

3 植物叶面润湿性的时间和空间变化特征

续表

采样点	物种 中文名	物种 拉丁名	接触角(°) 正面	接触角(°) 背面	蜡质含量(g/m²) 正面	蜡质含量(g/m²) 背面	气孔密度(mm²) 正面	气孔密度(mm²) 背面	绒毛 正面	绒毛 背面	气孔长度(μm) 正面	气孔长度(μm) 背面	保卫细胞长度(μm) 正面	保卫细胞长度(μm) 背面
	沙芦草	*Agropyron mongolicum* Keng	138.0±5.0	99.2±8.9	1.22±0.21	1.59±0.02	—	95.1±19.6	—	—	—	29.1±5.0	—	34.9±4.8
	乳浆大戟	*Euphorbia esula* L.	130.7±7.6	121.2±5.2	0.69±0.10	0.58±0.03	41.4±30.1	209.6±33.1	—	—	11.9±3.2	11.0±1.9	19.3±3.5	18.0±2.2
	柠条锦鸡儿	*Caragana korshinskii* Kom.	133.1±7.3	132.0±6.7	0.93±0.07	0.29±0.07	169.5±38.2	199.2±76.6	+	+	10.4±1.8	12.5±1.8	16.6±2.2	16.9±2.2
	鼹牛儿苗	*Erodium stephanianum* Willd.	93.4±12.7	111.9±9.9	0.27±0.08	0.18±0.03	218.5±31.5	306.0±22.3	+	+	15.6±1.9	14.4±1.7	19.4±2.4	19.4±2.1
	砂珍棘豆	*Oxytropis racemosa* Turcz.	138.6±9.9	133.3±6.0	1.68±0.12		240.2±85.8	130.2±24.0	+	+	12.2±2.4	19.8±3.1	15.9±2.6	23.9±6.0
	斜茎黄芪	*Astragalus laxmannii* Jacq.	137.5±4.1	128.4±6.5	0.67±0.10	0.67±0.10	221.9±27.8	155.1±30.8	+	+	14.2±2.1	16.9±1.9	19.8±2.3	23.1±2.5
	沙蒿	*Artemisia desertorum* Spreng.	63.8±12.4	61.5±12.2	1.82±0.75		68.9±15.1	60.0±15.9	—	—	21.2±4.6	26.9±5.4	37.8±4.4	39.1±4.6
	沙棘	*Hippophae rhamnoides* L.	94.1±11.0	111.0±2.3	0.67±0.12	0.89±0.23	—	No data	—	+	—	No data	—	No data
神木	北沙柳	*Salix psammophila* C. Wang & C. Y. Yang	107.1±7.7	122.8±3.2	0.67±0.11	0.72±0.12	131.4±14.3	419.6±51.6	—	—	12.5±1.8	8.0±1.3	17.9±2.2	10.7±1.3
	兴山榆	*Ulmus bergmanniana* C. K. Schneid.	50.9±11.2	50.4±9.3	0.42±0.03	0.23±0.02	—	488.1±56.1	—	—	—	19.8±1.9	—	24.6±3.0
	踏郎	*Hedysarum mongolicum* Turcz.	128.9±4.9	88.5±15.7	1.42±0.23	1.11±0.15	275.1±33.2	139.9±31.0	+	+	11.2±1.8	18.6±2.3	17.7±2.2	23.8±1.8
	小叶杨	*Populus simonii* Carrière	80.0±11.9	86.2±9.0	0.39±0.03	0.32±0.05	74.8±17.1	167.3±25.7	+	—	15.8±2.4	21.0±3.7	21.4±2.0	27.9±4.7
	中亚天仙子	*Hyoscyamus pusillus* L.	53.8±23.9	56.7±22.0	0.15±0.04	0.15±0.06	70.6±15.1	73.5±16.8	+	+	18.1±1.6	19.8±2.7	32.2±3.5	34.5±3.0
	华北白前	*Cynanchum mongolicum* (Maxim.) Hemsl.	62.1±11.9	63.2±16.6	1.70±0.18	1.07±0.14	107.3±21.0	131.9±24.4	—	—	18.4±2.4	18.2±2.4	23.7±2.5	24.6±2.6
	虎尾草	*Chloris virgata* Sw.	139.9±5.1	125.3±5.3	1.35±0.05	1.49±0.05	—	114.1±17.3	—	—	—	17.8±4.6	—	29.4±3.3
	紫苜蓿	*Medicago sativa* L.	128.8±5.9	132.6±8.3	0.35±0.01	0.45±0.05	176.6±39.8	118.3±20.6	+	+	13.2±1.7	14.7±1.6	19.6±2.1	21.1±2.1
	硬质早熟禾	*Poa sphondylodes* Trin.	132.1±7.0	112.5±6.7	0.62±0.06	0.47±0.11	109.2±39.3	78.6±21.2	—	—	21.4±2.8	30.4±2.0	25.3±2.1	35.3±2.5
	紫穗槐	*Amorpha fruticosa* L.	134.9±7.6	135.0±4.8	0.43±0.08	0.32±0.10	—	315.3±38.8	+	+	—	8.1±1.3	—	12.0±1.2
	榆树	*Ulmus pumila* L.	51.2±11.2	67.4±11.6	0.85±0.36	0.54±0.28	—	328.8±41.4	—	—	—	19.8±2.9	—	29.1±3.8
	枣	*Ziziphus jujuba* Mill.	83.4±8.3	81.8±12.1	0.53±0.08	0.88±0.05	—	313.6±30.5	+	+	—	15.4±3.0	—	22.88±3.5
	山杏	*Prunus sibirica* L.	66.2±13.6	100.8±4.6	0.67±0.12	0.65±0.06	—	423.0±56.8	—	—	—	23.5±2.8	—	29.2±3.2
	胡枝子	*Lespedeza bicolor* Turcz.	131.8±5.1	134.0±5.0	0.83±0.06	0.69±0.01	387.1±35.7	204.1±37.6	+	+	11.3±1.3	12.0±1.9	14.8±1.8	16.0±1.8

黄刺玫等14个物种则是在两个地区均有分布的物种，这些物种叶面的润湿性在不同的生境中有差异。根据 Crisp（1963）的标准，胡枝子叶片正面和背面、绣线菊叶片背面、白刺花叶片正面和背面、刺槐叶片正面和背面、艾叶片正面和背面、黄刺玫叶片正面和背面接触角均大于110°（表3-3），属于疏水型叶面。从表3-3可看出，11种疏水型叶面在不同的生境中接触角变化较小，差异不显著。枣叶片正面和背面，山杏叶片正面和背面，沙棘叶片正面和背面，绣线菊叶片正面，榆树叶片正面和背面，荚蒾叶片正面和背面，胡颓子叶片正面和背面，刚毛忍冬叶片正面和背面，杜梨叶片正面和背面，连翘叶片正面和背面，油松叶片正面和背面接触角均小于110°（表3-3），属于亲水型叶面。从表3-3可知，荚蒾叶片正面和背面，胡颓子叶片正面和背面，杜梨叶片正面和背面，连翘叶片正面和背面，油松叶片正面和背面，榆树叶片正面和背面、沙棘叶片正面接触角在不同环境条件下并无明显变化；山杏叶片正面和背面、沙棘叶片背面和刚毛忍冬叶片正面和背面接触角在干旱生境中显著增大。

不同采样点植物叶片正面和背面蜡质含量、气孔密度、气孔长度和保卫细胞长度有显著差异（$p<0.001$，表3-3）。叶面蜡质含量从神木—宜川—淳化依次降低（表3-3）。神木物种叶片正面和背面均有气孔的概率明显高于宜川和淳化，其叶片正面气孔密度显著高于宜川和淳化，但其背面气孔密度明显较宜川和淳化低（$p<0.001$，表3-3）。干旱生境中（神木）叶面气孔长度和保卫细胞长度较宜川和淳化低（$p<0.001$，表3-3）。对于在三个地区或两个地区均有分布的物种，干旱生境中植物叶片蜡质含量和正面气孔密度明显增大（$p<0.05$）；气孔长度和保卫细胞长度略有减小，但未达到显著水平（$p>0.05$）。

叶面绒毛的存在能够影响叶面润湿性，供试的106种植物中有47种植物叶面有绒毛。其中，神木有14种（表3-3）。叶面无绒毛的物种叶片正面和背面接触角差异不显著（$p>0.05$），叶面绒毛的有无对叶片正面的接触角无明显影响（$p>0.05$），但叶面绒毛能显著增大叶片背面的接触角（表3-3，$p<0.05$）。

叶面接触角在降水梯度下（440.8 mm、584.0 mm、650.0 mm）变化趋势与大的降水梯度下的研究结果一致（Brewer and Nuñez，2007；Holder，2007），叶面接触角呈现典型的地带性变化，随降水的减少叶面趋向于有低的润湿性。分析 Holder（2007）的实验结果，可以看出降水量仅为442 mm的美国科罗拉多地区植物叶正面和背面的接触角均值分别为77.6°和95.9°，降水量为1050 mm区域的地带性植被叶正面和背面的接触角均值分别为74.3°和86.3°，而降水量超过5000 mm的热带雨林地区的植物则具有更强的亲水性，叶片正面和背面接触角均值分别为50.7°和84.4°。Brewer和Nuñez（2007）所研究的干草原（降水量为750 mm）、群落交错区（降水量为1100 mm、1200 mm、1300 mm、1800 mm）和热带雨林（降水量为3000 mm）植物叶片正面和背面接触角的均值分别为136.7°、153.3°；91.7°、88.2°；47.4°、72.8°。进一步分析 Brewer和Nuñez（2007）及Holder（2007）的研究结果发现，Holder（2007）的测定结果小于Brewer和Nuñez（2007）的测定结果。将我们的实验结果与Brewer和Nuñez（2007）及Holder（2007）的研究结果进行比较发现，与降水量相似的美国科罗拉多地区植物叶面的接触角明显小于我们所研究的神木地区的植物叶面的接触角；而降水量为650.0 mm的淳化地区的植物叶面接触角又明显低于Brewer和Nuñez（2007）所测定的干草原地区典型植被的叶面接触角。这可能是由测定方法、不同的生境和位置及不同环境条件下典型植被物种的差异造成的，低的润湿性可能是在干旱生境中生长的植物对环境的一种适应性。干旱生境中植物叶面有低的润湿性，水分在不易润湿的叶面上形成水珠，易于在风和重力作用下离开叶面，从而降低叶片的持水能力及对降水的截留量，增加土壤水分含量从而有利于植物保持水分平衡；同时降低了叶面与水的接触面积，降低了光合气体和水之间的相互干扰及植物感染病虫害的概率，有利于生物量的形成与维系（Bradley et al., 2003；Brewer and Nuñez, 2007；Holder, 2007）。

超斥水叶面特征与叶面的层次结构

Barthlott 等（1998）利用扫描电子显微镜观察了多种植物表皮蜡质的形态结构，并将蜡质的微观形态结构分为柱状、棒条状、垂直片状、线状、烟囱状、伞状、桶状、管状等26类，而片状和管状是最主要的类型。在自然界，最典型的是以莲叶为代表的植物叶面，其接触角一般在150°以上，具有典型的超疏水的特性。这些植物的叶面除了具有疏水的化学组分外，更重要的是微观尺度上具有微细的粗糙结构。

4.1　叶面的超斥水特征与荷叶效应

与水的接触角超过150°的表面称为超疏水表面。超疏水表面由于与水的接触面积非常小，通过水所发生的化学反应和化学键的形成受到限制，且水滴极易从表面滚落，使这种表面不仅具有自清洁的功能，而且还具有防水、防污染、防雾和防氧化等多种功能。

自然界中许多生物表面有着令人叹为观止的特殊性能，如莲、芋、水稻（*Oryza sativa* L.）等植物叶片表面的超疏水和自清洁特性。从1997年起，德国波恩大学的 Wilhelm Barthlott 课题组（Koch and Ensikat, 2008；Koch et al., 2009）对莲叶的超疏水现象进行了一系列的研究，发现对于疏水性的叶面，落到叶面上的水会迅速收缩成球状，叶面经小于5°倾斜后球状水滴快速脱落而不残留任何污染物，这种自清洁的功能与污染物的尺寸和化学性质无关；并揭示了莲叶的超疏水性与自清洁性是由不同的微米结构的表面粗糙度和蜡质表面的疏水性共同作用，提出了"荷（莲）叶效应"（图4-1）。

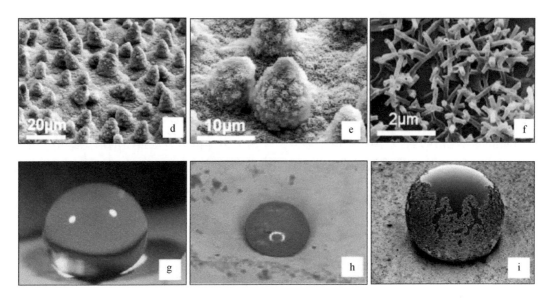

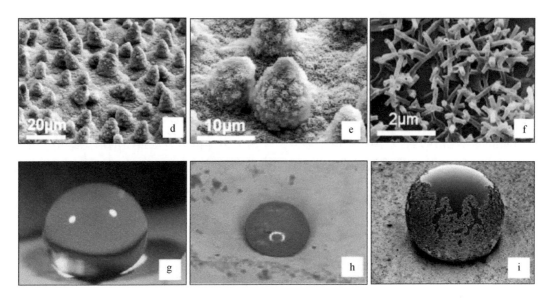

图 4-1　莲叶的超疏水和自清洁特性

注：a 为莲叶；b~c 为水对莲叶上污染物的去除；d~f 为莲叶的 SEM；g 为莲叶上的水滴；
h~i 为水对莲叶上苏丹红的去除

4.2　叶面微纳二级结构

在电子显微镜下，莲叶叶面具有双重微观结构，即由微米尺度的细胞和其上的纳米尺度蜡质晶体两部分组成。莲叶叶面凸起底部直径 5~9 μm，顶部微米结构直径在 2~5 μm，每个凸起又是由直径约为 120 nm 的纳米结构构成。凸起高度 10~15 μm，间距在 5~30 μm。正是这些表面特殊的微纳米复合结构有效地阻碍了水滴与表面的接触，使莲叶与水的接触角高达 150°以上（Burton and Bhushan，2006），大大地降低了滚动角，使水滴在莲叶上自由地滚动（图 4-2）。

图 4-2　莲叶叶面扫描电镜图

水稻叶面有类似莲叶叶面的微纳米分级结构，也具有超疏水性能，水稻叶面上存在大量的微凸体，其直径为 5 ~ 8 μm，次表层分布了直径为 20 ~ 50 nm 的针状结构纳米颗粒，这样的结构也导致了水稻叶片的超疏水性（Guo and Liu，2007）（图 4-3）。但是其又有别于莲叶表面，莲叶表面对水滴的超疏水性是各向同性的，而水稻叶是各向异性的。由扫描电镜图可以看出，这是由于水稻叶面在沿平行于叶边缘的方向是一维有序排列的，而在垂直于叶边缘的方向上是无序的，平行方向的滚动角为 3° ~ 5°，垂直方向的滚动角为 9° ~ 15°，使得水滴在沿平行于叶边缘的方向上更容易滚动（图 4-4）。

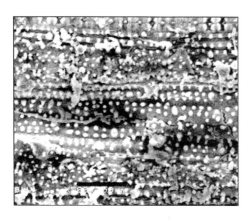
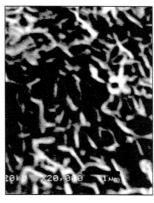

图 4-3　水稻叶面扫描电镜图

图 4-4　水滴在水稻叶面的形态（a）和扫描电镜图（b）

美人蕉（*Canna indica* L.）叶面有一些微米级的凸体分布，这些微米级凸体由一些微米级的棒状材料构成，这些棒状材料的直径大约为 200 ~ 400 nm，在其表面形成双重结构，有利于对空气的包裹，从而赋予了表面超疏水性能，其与水的接触角高达 165°±2°（Guo and Liu，2007）（图 4-5）。

芋叶面分布有大量大小为 8 ~ 10 μm 的微凸体，而单个微凸体是由许多纳米结构的材料堆积而成，且其下表层分布了直径为 20 ~ 50 nm 针状结构的纳米微颗粒，这样的双层结构微凸体与疏水的蜡质共同作用导致芋叶接触角可达 159°（Koch et al.，2009）（图 4-6）。

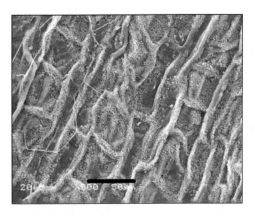

图 4-5　美人蕉叶面扫描电镜图

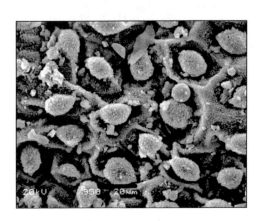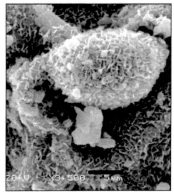

图 4-6　芋叶面扫描电镜图

4.3　叶超斥水表面的微观机制

对典型植物叶面形态及润湿性特性分析表明：植物表面非光滑结构（包括表皮细胞形态及其表皮蜡的形态、质地及其表面构成物质的化学结构）均能影响叶面的润湿性。表皮细胞凹凸不平且密布蜡质的叶面的水滴接触角大，如刺槐、黄刺玫、绣线菊、蒙古栎、紫穗槐、踏郎等；但蜡质单元体的几何形态、分布密度及蜡质化学组成对叶面润湿性特征都有不同程度的影响。

事实上，植物叶面蜡质对叶面疏水性的作用是有限的，特别是一些具有超疏水性能的植物。研究认为，纯净蜡质与水的接触角不超过110°（Holloway，1969）。因此，植物叶表的几何形貌是其疏水与亲水的主要原因之一。在此，我们对凸包型非光滑表面的模型加以分析。

光滑表面上处于稳态或亚稳态的液滴在三相线上的接触角，服从 Young 方程。

Taylor 描述液滴的表面高度为 $h = 2a\sin(\theta/2)$，其中 a 为液体毛细高度，$a = (\gamma/\rho g)^{1/2}$，$\gamma$ 为液滴表面张力。液滴很小时，g 可以忽略不计。当液滴的尺寸为毫米级或微米级时，液滴可以近似为球冠。

4.3.1 Wenzel 模型

实验表明，当植物叶面呈现非光滑状态时，可以改变叶面的润湿性，这是由表面的非光滑结构与表面的疏水物质共同作用的结果。Wenzel（1936）认为，由于非光滑表面的存在，使实际的固液接触面要大于表观几何上观察到的面积，于是增加了疏水性（或亲水性），假设液体始终能填满表面上的凹槽，称之为湿接触，其表面自由能为：

$$\mathrm{d}G = r(\gamma_{LS} - \gamma_{GS})\mathrm{d}x + \gamma_{GL}\mathrm{d}x\cos\theta \tag{4-1}$$

式中，$\mathrm{d}G$ 为三相线移动 $\mathrm{d}x$ 时所需的能量，平衡状态时表观接触角 θ 和本征接触角 θ_e 的关系为符合式（1-28），r 是表面粗糙度。

王淑杰（2006）将表面有绒毛的叶面非光滑形态分为凸包纤毛型、复合棱柱型、复合毛刺型、耦合蜡质圆锥型和三角凸包型。在此，我们以建立模型相对简单的三角凸包型（虎尾草叶正面和背面及黄荆叶正面）加以分析，建立如图 4-7 所示的模型。表面的特征参量为 R、b 和 h。其中，R 表示圆锥底半径；b 为两个锥体间的距离；h 为锥体高度。表面非光滑度 $r = \pi R(R^2 + b^2)^{1/2}$，$f_s = S_0/(a+b)^2$。其中，$S_0$ 为水滴接触面积。

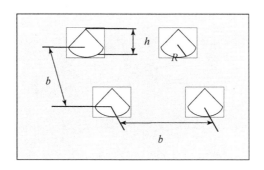

图 4-7 圆锥型非光滑表面疏水模型

平衡时，Wenzel 模型符合式（1-28），Cassie-Baxter 模型符合式（1-29）。

定义：$\beta = b/R$，$\gamma = h/R$，$\gamma_0 = h_0/R$，（$h > h_0$，$\gamma > \gamma_0$），带入式（1-28）和（1-29），可得：

1）Wenzel 模型：

$$\cos\theta = \pi R(R^2 + h^2)^{1/2}\cos\theta_e/b^2 = \pi(1+\gamma^2)^{1/2}\cos\theta_e/\beta^2 \tag{4-2}$$

2）Cassie-Baxter 模型：

$$\cos\theta = -1 + S_0(1+\cos\theta_e)/b^2 = -1 + \pi R(R^2 + h^2)^{1/2}(1+\cos\theta_e)/b^2$$
$$= -1 + \pi(1+\gamma^2)^{1/2}(1+\cos\theta_e)/\beta^2 \tag{4-3}$$

由式（4-2）可以看出，表观接触角 θ 随 β 的增加而增加，即非光滑体间的间距越大，底半径越小，表观接触角越大，反之则表观接触角越小；随 γ 的增加而减小，即非光滑体的高度越小，底半径越大，表观接触角越大，反之则表观接触角越小。由式（4-3）可以看出，θ 与 γ 之间的关系变化较复杂，近似认为表观接触角 θ 随 β 的增加而减小，且与本征接触角有关，即非光滑体间的间距越大，底半径越小，表观接触角越大，反之则表观接触角越小。虎尾草叶正面和黄荆叶正面的锥体底半径、锥体间距和锥体高度分别为：11.6 μm、60.0 μm、27.9 μm；6.3 μm、47.4 μm、18.9 μm。由上述的模型计算可知，虎尾草叶正面的接触角 $\cos\theta=0.097\pi\cos\theta_e$，而黄荆叶正面的接触角 $\cos\theta=0.056\pi\cos\theta_e$。

4.3.2 Cassie-Baxter 模型

液滴在非光滑表面上的接触是一种复合接触。由于微细结构化了的表面结构的尺寸小于液滴的尺寸，当表面结构疏水性较强时，在疏水表面上的液滴并不能填满粗糙表面的凹槽，在液滴下截留有空气，于是表面上的液固接触面是由"固—气"组成的（图1-15），此时，热力学方程为：

$$dG = f_s(\gamma_{LS}-\gamma_{GS})\,dx + (1-f_s)\,\gamma_{GL}dx + \gamma_{GL}dx\,\cos\theta \tag{4-4}$$

平衡时可得：

$$\cos\theta = f_s(1+\cos\theta_e) - 1 \tag{4-5}$$

由此可得 Cassie-Baxter 方程（式1-30）。

对于凸包型非光滑疏水表面的模型（图4-8），其特征参量均为 R、b、h。其中，R 为球冠半径；b 为球冠间距；h 为球冠高度。球冠面积 $S=2\pi Rh$，表面非光滑度 $r=2\pi Rh/b^2$，$f_s=S_0/b^2$，其中 S_0 为水滴接触面积，其值较小。

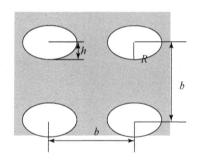

图4-8　凸包型非光滑疏水表面模型

定义：$\beta=b/R$，$\gamma=h/R$，$\gamma_0=h_0/R$，$(h>h_0,\ \gamma>\gamma_0)$，将其带入式（1-28）和（1-29），可得：

1）Wenzel 模型：

$$\cos\theta = 2\pi Rh\cos\theta_e/b^2 = 2\pi\gamma\cos\theta_e/\beta^2 \tag{4-6}$$

2）Cassie-Baxter 模型：

$$\begin{aligned}
\cos\theta &= -1 + S_0(1+\cos\theta_e)/b^2 \\
&= -1 + 2\pi Rh_0(1+\cos\theta_e)/b^2 \\
&= -1 + 2\pi\gamma_0(1+\cos\theta_e)/\beta^2
\end{aligned} \tag{4-7}$$

由式（4-6）可以看出，表观接触角 θ 随参数 β 的增加而增加，即非光滑体间的间距越大，球冠半径越小，表观接触角越大，反之则表观接触角越小；随 γ 的增加而减小，即球冠高度越小，球冠半径越大，表观接触角越大，反之则表观接触角越小。由式（4-7）可以看出，θ 与 γ 之间的关系变化较复杂，可近似认为表观接触角 θ 随参数 β 的增加而减小，并与液滴的接触面积有关，即非光滑体间的间距越大，球冠半径越小，表观接触角越大，反之则表观接触角越小；液滴接触面积越大，表观接触角越大，反之则越小。

以球冠间距接近、球冠高度和球冠半径不同的绣线菊叶背面和黄刺玫叶正面为例，绣线菊叶背面和黄刺玫叶正面的球冠间距和球冠半径分别为：15.5 μm、7.3 μm；16.3 μm、9.5 μm。绣线菊叶背面球冠高度明显较黄刺玫叶正面高。由上述模型可以看出，高的球冠高度导致了绣线菊叶背面较黄刺玫叶正面大的接触角。同样的，绣线菊叶正面和背面均均匀分布凸包非光滑体，但其接触角却表现出明显差异。绣线菊叶正面球冠间距和球冠半径分别为：21.1 μm、13.2 μm。由上述的模型可知，绣线菊叶正面大的球冠间距和小的球冠高度导致了其接触角较小。

以上数学模型可部分解释结构相似的表面具有相似的润湿性特征。然而，即使表面结构相似的物种，其润湿性也可能存在较大差异，可能与叶面的化学组成有关，对此需要进一步进行研究。

4.4 植物叶的原子力显微镜观测

原子力显微镜（Atomic Force Microscopy，AFM）因其具有放大倍数高（高达 10 亿倍，比电子显微镜分辨率高 1000 倍）、可在多种环境（如大气、真空、低温等）下工作、无需对样品进行特殊处理、样品制备简单、能够生成高分辨率的三维图像等优点，在植物学研究中具有广泛的应用（祖元刚等，2006），特别是能够在接近生理状态的条件下观察样品，为植物样品接近活体状态形貌的观察研究提供了强大的技术支持。Mechaber 等（1996）采用 AFM 研究了大果越橘（*Vaccinium macrocarpon* Ait.）叶面生境的异质性，得到了叶片表面结构随叶龄变化的三维图像；发现幼叶和老叶叶面结构特征不同，与幼叶相比，老叶皱缩，表面不规则且粗糙度增加。Wagner 等（2003）定量分析植物叶片表面疏水结构时，观察到海芋［*Alocasia odora*（Roxb.）K. Koch］叶片表面有很多突起，对单个突起的 AFM 扫描则能清晰地观察到角质层折叠基础上的精细结构。Burton 和 Bhushan（2006）在研究莲叶和芋叶叶面结构、机械属性时，观察到叶片表面有很多突起，定量测定得到突起的峰谷值（P—V）分别为 9 μm 和 5 μm。Perkins 等（2005）用 AFM 观察了桂樱叶片在纳米尺度上的微结构，发现了叶面物质的异质性，并计算得到粗糙部分和平滑部分的平均粗糙度分别为 5.6 nm 和 1.4 nm。陈少雄等（2010）利用 AFM 观测白花甘蓝（*Brassica oleracea* var. *albiflora* Kuntze）叶片在失水过程中保卫细胞、副卫细胞、其他表皮细胞等的微观结构形态变化。

4.4.1 女贞与珊瑚树的原子力显微镜图像

用 AFM 对样品进行扫描，得到图 4-9、图 4-10、图 4-11 和图 4-12 所示扫描范围为 100 μm×100 μm 的二维和三维形态图。二维图以色度值的高低表示物体高度的变化，色度值越高表示高度越高，色度值越低表示高度越低；三维图可以从各个角度观察物体，可以得到更形象的结果。

从图4-9和图4-10中可以看出，女贞成熟叶片的正面较平滑，局部存在高低不平的峰和谷；叶片背面由于气孔、表皮细胞、保卫细胞、副卫细胞、各种突起和皱褶的存在导致粗糙度较高，气孔大小约为25 μm×13 μm且下陷。女贞新叶正面有突起和凹陷，表面较均匀地分布有大小约为30 μm×10 μm的凹陷，突起的表面轮廓高度较小，表面粗糙度相对较大；新叶背面由于气孔、保卫细胞、表皮细胞、各种突起和皱褶的存在导致粗糙度较高，气孔大小与成熟叶片相当。女贞幼年叶片正面有各种细胞和突起存在，但突起的表面轮廓高度较小，表面粗糙度相对较小；背面的气孔尚未形成，可清晰地看到左右两个半月形的保卫细胞；表面有各种细胞和突起存在，表皮细胞小而密，表面光滑，细胞壁较平直；同时可以看到一个直径约为40 μm的腺体，表面的粗糙度相对较高。从图4-9和图4-10中进一步分析，女贞成熟叶片的正面和背面峰谷之间的高差差异不大，分别为7101 nm和7885 nm；新叶的正面和背面峰谷之间的高差较成熟叶降低，但正面和背面差异不显著，分别为6179 nm和6073 nm；而幼年叶片正面和背面峰谷间的高差明显低于成熟叶和新叶，且正面和背面差异显著，分别为3978 nm和6899 nm。

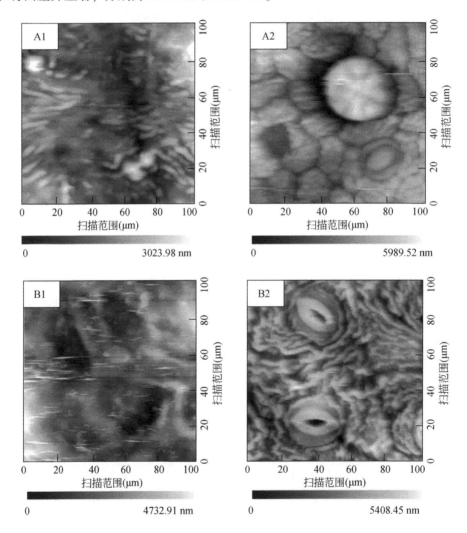

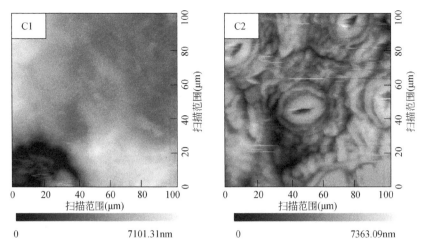

图 4-9　女贞不同生长期叶片正面和背面 AFM 二维图

注：1 为正面；2 为背面；A 是幼叶；B 是新叶；C 是成熟叶

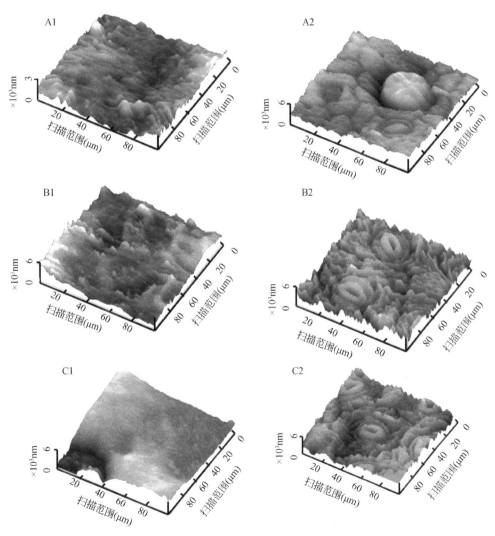

图 4-10　女贞不同生长期叶片正面和背面 AFM 三维图

注：1 为正面；2 为背面；A 是幼叶；B 是新叶；C 是成熟叶

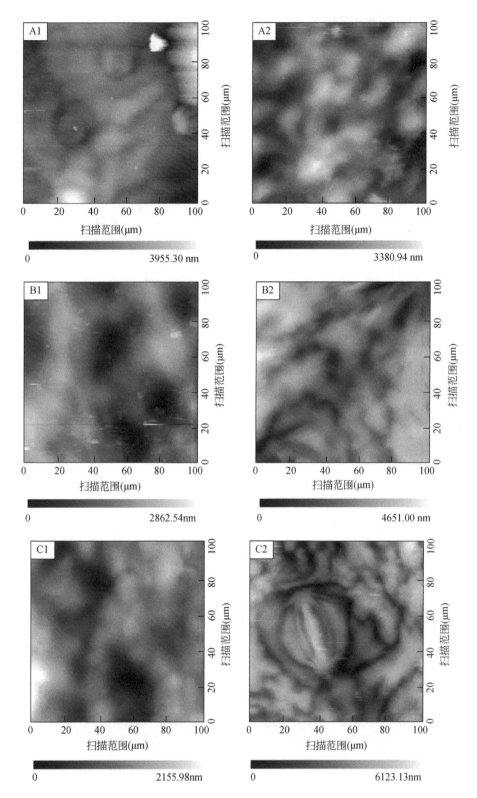

图 4-11　珊瑚树不同生长期叶片正面和背面 AFM 二维图

注：1 为正面；2 为背面；A 是幼叶；B 是新叶；C 是成熟叶

从图 4-11 和图 4-12 中可以看出，珊瑚树成熟叶片正面的粗糙度较小，高低峰谷的极差值为 2333 nm；而叶片背面有气孔（大小约为 40 μm×17 μm）、各种突起和皱褶，较粗糙，且拱盖在气孔口上，保卫细胞略下陷，高低峰谷的极差值为 6123 nm。珊瑚树新叶分布有各种突起和凹陷，高低峰谷的极差较成熟叶增加，为 3837 nm；背面在扫描的区域内未看到气孔，但表面有突起和皱褶，较粗糙，峰谷之间的极差为 4651 nm，较成熟叶片低。珊瑚树幼年叶片，背面表皮细胞表面光滑且较规则，气孔已形成（大小约为 17 μm×10 μm），气孔器保卫细胞略下陷，但与成熟叶片背面的气孔相比，在形态和大小方面均存在较大差异。幼年叶片正面则分布有大量的突起和凹陷，高低峰谷极差值为 3467 nm，较新叶低而高于成熟叶；背面由于气孔的存在和突起导致峰谷值高差较大，为 6131 nm，与成熟叶片相当，但较新叶高。

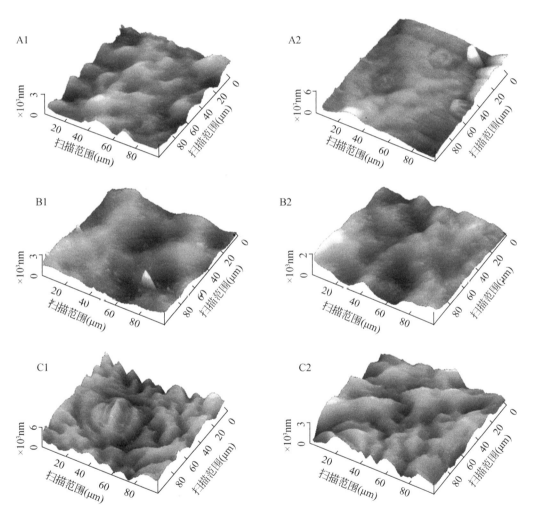

图 4-12　珊瑚树不同生长期叶片正面和背面 AFM 三维图

注：1 为正面；2 为背面；A 是幼叶；B 是新叶；C 是成熟叶

女贞、珊瑚树成熟叶片上下表皮细胞具有较大差异，气孔只分布在叶下表皮，气孔下陷，表皮细胞形状无规则，外切向面明显向外隆起，而垂周壁略下陷。女贞、珊瑚树成熟叶片的气孔器均为长椭圆形，气孔器保卫细胞下陷，内缘平滑。气孔的形成是表皮细胞之间和表皮与叶肉细胞之间相互调节的结果，以减少水分自气孔的蒸发，这是植物叶片适应外界恶劣环境变化的一种表现。这两种植物的气孔特征与其他研究者对中生植物和旱生植物（刘家琼等，1987；姚兆华等，2007）及具有较强抵抗污染物（Pal et al., 2002）胁迫植物的研究结果一致。

4.4.2 女贞和珊瑚树叶面的原子力显微镜扫描参数

在表征表面的粗糙度时，常用的参数有算数平均粗糙度（Ra）、微观不平度十点高度（Rz）、峰谷值（P—V）和微粗糙度（RMS），其中 Ra 是最常用的粗糙度表征参数。从表 4-1 可以看出，女贞幼年叶片的粗糙度（Ra）正面为 417.8 nm、背面为 794.5 nm，新叶正面的粗糙度为 695.5 nm、背面为 672.2 nm，成熟叶片正面和背面的粗糙度分别为 1069 nm 和 957.4 nm；珊瑚树幼年叶片的粗糙度（Ra）正面为 417.3 nm、背面为 469.6 nm，新叶正面的粗糙度为 426.6 nm、背面为 675.5 nm，成熟叶片正面和背面粗糙度分别为 291.1 nm 和 865.9 nm。一般人工制备的各种表面粗糙度在几个至几十个 nm 范围之内，女贞和珊瑚树叶片表面的粗糙度远高于人工制备的表面。其算数平均粗糙度（Ra）与新鲜和干燥的蘑菇［（2100±800）nm 和（2200±500）nm］相当（Hershko and Nussinovitch, 1998），但明显低于洋葱表皮（4900～6000 nm）、大蒜表皮（7500～11500 nm）、青胡椒粉表皮（7300 nm）和苹果表皮（4500 nm）（Hershko and Nussinovitch, 1998；张丽芬等，2008）。进一步分析不同生长期叶片的表面粗糙度可知，女贞幼年叶片背面粗糙度与正面粗糙度之比为 1.90，新叶为 0.97，而成熟叶片为 0.90，表现出叶片的正面和背面粗糙度的趋同化趋势。这说明随着生长期的延长，处于相同环境下的叶片正面和背面受到各种因素的制约，叶片正面和背面的粗糙度逐渐接近。而珊瑚树幼年叶片背面和正面粗糙度的比值为 1.00，新叶为 1.58，成熟叶片则为 2.97，其变化趋势与女贞叶片的变化趋势相反。但是，这两种植物叶片随着生长期的延长，成熟叶片皱缩，表面粗糙度增加，这与 Mechaber 等（1996）的研究结果一致。P—V、RMS 和 Rz 参数也具有与 Ra 相似的变化特征。

表 4-1 原子力显微镜扫描参数

植物		AFM 参数			
		Ra（nm）	P-V（nm）	RMS（nm）	Rz（nm）
女贞幼年叶片	正面	417.8	3978	528.1	2243
	背面	794.5	6899	1013	4001
女贞新叶	正面	695.5	6179	861.5	5004
	背面	672.2	6073	860.0	4005
女贞成熟叶片	正面	1069	7101	1379	2629
	背面	957.4	7885	1181	5746
珊瑚树幼年叶片	正面	417.3	3467	580.8	2273
	背面	469.6	6131	634.1	2826

植物		AFM 参数			
		Ra（nm）	P-V（nm）	RMS（nm）	Rz（nm）
珊瑚树新叶	正面	426.6	3837	509.7	2004
	背面	675.5	4651	807.7	1998
珊瑚树成熟叶片	正面	291.1	2333	373.6	948.7
	背面	865.9	6123	1058	3972

不同的植物在生长过程中叶片表面粗糙度的变化趋势不同，可能与外界环境因素导致叶片表面蜡质含量、成分和形态结构发生变化的不同有关。Koch 等（2006）研究了不同相对湿度条件下甘蓝（*Brassica oleracea var. capitata* L.）、冈尼桉（*Eucalyptus gunnii var. undulata* Rehder）和旱金莲表皮蜡质的含量、成分和形态结构发生的变化，发现在相对湿度 20%~30% 条件下 3 个物种叶片表面蜡质含量及蜡质晶体密度均增加，但增加的程度因物种而异。对甘蓝而言，高湿度条件导致叶面蜡质形态和成分均发生变化，而冈尼桉和旱金莲则变化不明显。同时，植物叶片在不同的生长期，表皮蜡质膜的厚度、分布和表达也会有所不同（Jetter and Schäffer, 2001）。但目前针对表皮蜡质对表面粗糙度的影响开展的研究相对较少。Hershko 和 Nussinovitch（1998）检测了蜡质对表皮粗糙度的影响。当扫描样品区域小于 250 μm² 时，样品表皮的粗糙度 Ra 值为 78 nm；将表皮经氯仿漂洗去掉所覆盖的蜡质层后，其 Ra 增大到 198 nm。有机溶剂除去叶片表面蜡质时破坏了叶面结构和本身的物理特性，并在叶片表面产生多孔结构（Boyce et al., 1991），这样就可能会导致表面粗糙度的增大。Mechaber 等（1996）也认为大果越橘幼年叶片和成熟叶片叶面粗糙度的变化与不同生长期叶片表面的蜡质有关。随着叶龄的增长，叶片在环境中受到降水、颗粒物等的机械磨蚀作用及各种污染物的作用，叶片表面蜡质数量、形态和分布均受到影响，可能导致叶片更易受外界环境的干扰。女贞和珊瑚树叶片在相同的环境条件下受到各种因素的制约，其表面粗糙度的变化趋势却不同，表皮蜡质影响其表面粗糙度的机制有待于进一步研究。

4.4.3 叶面粗糙度与润湿性的关系

在自然界，大多数生物表面都是非光滑表面，这些微细粗糙结构能够改变固体表面的润湿性能。因此，在考察粗糙表面的润湿性时，必须考虑表面的粗糙程度的影响。由于非光滑表面的存在，使得实际的固液接触面要大于表观几何上观察到的面积（图 4-13），两者的比值即为表面粗糙度系数 r。

任露泉等（2006）将叶面接触角分为 4 类：① $0° < \theta < 30°$，植物表面亲水性好，属于超亲水型表面；② $30° < \theta < 90°$，属于中等亲水型表面；③ $90° < \theta < 150°$，属于中等疏水型表面；④ $150° < \theta < 180°$，植物表面表现出明显的超强疏水性，属于超疏水型表面。对于女贞和珊瑚树叶面而言，均属于中等亲水型表面或中等疏水型表面，适用于 Wenzel 模型（程帅等，2007；郑黎俊等，2004）。

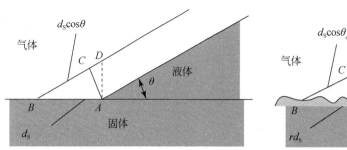
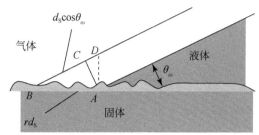

图 4-13　表面粗糙度对接触角的影响

对于如图 4-13 所示的粗糙表面，均有 $r>1$。在我们的研究中，AFM 的扫描参数中有 Ra、Rz、P—V 和 RMS，其中 Ra 最常用。Ra 值越大，固体表面越粗糙，即 r 越大（曲爱兰等，2007；曲爱兰等，2008）。女贞叶片正面和珊瑚树叶片背面的粗糙度均随生长期的延长而增大，接触角逐渐降低（表 4-2），说明女贞叶片正面和珊瑚树叶片背面的化学组成在整个生长期可能都是亲水的。女贞幼年叶片背面的粗糙度较新叶低，但幼年叶片接触角为 115.3°±5.5°，明显高于新叶；由 Wenzel 理论可知，幼年叶片的本征接触角大于 90°，新叶的小于 90°。对于珊瑚树叶片正面而言，幼年叶片的粗糙度和新叶接近，但接触角明显高，可能是由于幼年叶片叶面化学组成是疏水的，表面的粗糙结构增加了叶面的疏水性。成熟叶片的粗糙度明显较新叶降低，接触角也随之降低，新叶的本征接触角较成熟叶片高。

表 4-2　女贞和珊瑚树叶面 Ra 和接触角（均值±标准差）

植物		女贞		珊瑚树	
		Ra（nm）	接触角（°）	Ra（nm）	接触角（°）
幼年叶片	正面	417.8	83.6±8.0	417.3	94.6±5.7
	背面	794.5	115.3±5.5	469.6	80.2±2.8
新叶	正面	695.5	73.8±9.6	426.6	67.3±4.3
	背面	672.2	88.7±6.4	675.5	68.9±5.9
成熟叶片	正面	1069	68.6±8.3	291.1	59.9±6.2
	背面	957.4	76.2±9.5	865.9	54.6±5.9

植物叶界面特征对拦截颗粒物的影响

植物叶片由于特殊的表面结构和润湿性可以截留和固定大气颗粒物而被认为是消减城市大气环境污染的重要过滤体（Freer-Smith et al.，1997；Freer-Smith et al.，2005；王会霞等，2010b）。不同植物的滞尘能力（王会霞等，2010b）、滞尘累积量（柴一新等，2002）、作用机理（李海梅和刘霞，2008）和生态效益（Jim and Chen，2008）存在较大的差异。目前，叶面滞留大气颗粒物能力已成为城市园林绿化树种选择的重要指标，有关城市绿地系统的减尘作用及滞尘机理的研究已成为衡量绿地生态系统生态效益的重要指标（Freer-Smith et al.，1997；Freer-Smith et al.，2005；柴一新等，2002）。

植物滞留颗粒物的过程是非常复杂的，影响因素主要有叶面形态结构特征、叶面粗糙度、叶片着生角度、叶面润湿性及树冠大小、疏密度等。叶片是植物滞留大气颗粒污染物的主要载体，叶面的结构特征是该功能的基础。目前，有学者研究了叶面的微结构如突起特征、叶片表面细胞和气孔的排列方式、叶断面形状等对叶面滞尘的影响。Neinhuis 和 Barthlott（1998）及王会霞等（2010b）等则发现，易润湿的叶面具有高的滞尘量，不润湿的叶面其滞尘量较低。然而，同一植物在不同的采样地点、采样时间和采样植株部位，叶面颗粒物附着密度会存在差异。

5.1 植物叶面对空气颗粒物的滞留

5.1.1 植物叶面最大滞尘量

本节以陕西省西安市 21 种常见绿化植物为研究对象，包括山樱花、桃、槐、紫荆、加杨、二球悬铃木、银杏、栾树、毛梾、鸡爪槭（*Acer palmatum* Thunb. in Murray）、女贞、榆叶梅、月季花、紫丁香（*Syringa oblata* Lindl.）、小叶女贞、日本小檗、大叶黄杨、黄杨、海桐、地锦［*Parthenocissus tricuspidata*（Siebold & Zucc.）Planch.］和白车轴草，以研究植物叶面最大滞尘量。

用小毛刷收集路面尘作为人工尘源进行人工降尘测定植物叶面的最大滞尘量。最大滞尘量的测定方法为：将带叶片的枝条置于烧杯中，人工尘源距测试枝叶 10 cm，直至尘土自叶片滑落为止，然后小心剪下叶片测定滞尘量。

根据叶片面积大小选择试验叶片数量用于滞尘量的测定，叶片较大的选择 8 ~ 10 片，较小的选择 20 ~ 30 片，每个物种各设 3 个重复。将选择的叶样放入盛有蒸馏水的烧杯中浸泡 2 h 以上，用小毛刷清洗叶片上的附着物，然后用镊子将叶片小心夹出。浸洗液用已烘干称量（M_0）的滤纸过滤，将滤纸于 60 ℃下烘干 24 h，再以 0.0001 g 分析天平称量（M_1），2 次质量之差（M_1-M_0）即为叶片上所附着的降尘颗粒物的质量。夹出的叶片晾干后，置于扫描仪（HP Scanjet G2410，日本）中扫描，然后用 Image J（国立卫生研究院，美国）图像分析软件计算叶面积（S），（M_1-M_0）$/S$ 即为单位叶面积的滞尘量。

21 种植物叶面最大滞尘量具有显著差异，最大差别有 40 倍之多（图 5-1，$p<0.001$）。最大滞尘量变化介于 0.8～38.6 g/m²，其中二球悬铃木滞尘能力最强，为 38.6 g/m²，槐其次，为 27.2 g/m²，榆叶梅居三，为 11.5 g/m²。最大滞尘量在 2.0 g/m² 以下的物种有银杏、白车轴草、日本小檗和鸡爪槭，分别为 1.1 g/m²、0.8 g/m²、1.9 g/m² 和 1.8 g/m²。最大滞尘量在 2.0～8.0 g/m² 的物种有女贞、小叶女贞、黄杨、大叶黄杨、紫丁香和紫荆等 14 种。

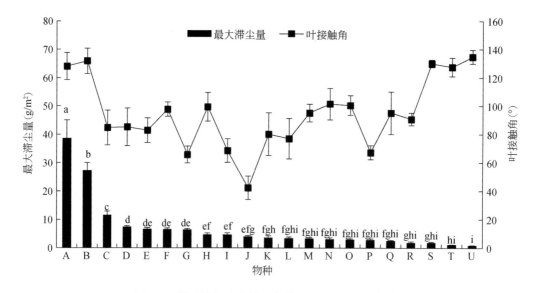

图 5-1　供试植物叶片的最大滞尘量和叶正面接触角

注：不同字母表示差异显著（$P<0.05$）。A：二球悬铃木；B：槐；C：榆叶梅；D：黄杨；E：小叶女贞；F：栾树；G：山樱花；H：地锦；I：女贞；J：桃；K：毛梾；L：大叶黄杨；M：海桐；N：紫丁香；O：月季花；P：加杨；Q：紫荆；R：鸡爪槭；S：日本小檗；T：银杏；U：白车轴草

5.1.2　植物叶润湿、能量特征与最大滞尘量

图 5-1 给出了所研究的 21 种植物叶片正面接触角大小结果。单因素方差分析表明，物种间接触角具有显著差异（$p<0.001$）。21 种植物叶片正面接触角大小在 40°～140°，平均为 94.6°。接触角>90° 的物种有白车轴草、槐、日本小檗、海桐、鸡爪槭、栾树、二球悬铃木、紫荆、紫丁香、地锦、银杏和月季花 12 种，占测定总数的 57.1%，<90° 的有山樱花、女贞、小叶女贞、榆叶梅、桃、毛梾、大叶黄杨、黄杨和加杨 9 种，占测定总数的 42.9%。

采用 Owens-Wendt-Kaelble 法（Owens and Wendt，1969）计算叶片的表面自由能及其极性和色散分量。所研究的 21 种植物叶片表面自由能在 7.8～55.3 mJ/m²（图 5-2a），均为低表面能固体表面。色散分量和极性分量的变化范围分别为：7.7～28.9 mJ/m² 和 0.1～35.8 mJ/m²（图5-2 b 和图5-2 c）。对于所研究的植物而言，山樱花、大叶黄杨、加杨、女贞、毛梾和桃 6 个物种叶片表面的极性分量占到了表面自由能的 20% 以上，其他物种的极性分量均在 20% 以下。其中，二球悬铃木、槐、白车轴草、栾树、地锦、鸡爪槭等 12 个物种的色散分量占到了 90% 以上，而极性分量在 10% 以下。

由于叶片表面着生的细密绒毛对叶片滞尘量影响很大，为说明叶片润湿性、表面自由能及其极性和色散分量与最大滞尘量之间的关系，选取二球悬铃木、槐、榆叶梅和毛梾以外的物种进行分析。结果表明，在所研究的表面自由能和滞尘量范围内，表面自由能及其色散分量与最大滞尘量呈显著正相关（$r=0.500$，0.572，$p<0.05$；图5-2 a 和图5-2 b），极性分量与最大滞尘量间关系不显著（$r=0.244$，$p>0.05$；图5-2 c）接触角与最大滞尘量呈显著负相关（$r=-0.523$，$p<0.05$；图5-2 d）。

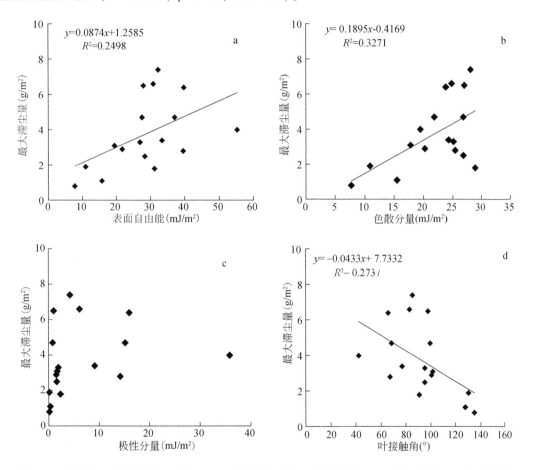

图5-2　最大滞尘量与表面自由能（a）、色散分量（b）、极性分量（c）和叶接触角（d）的关系

对于所研究的 21 种植物，除叶面着生绒毛的槐、二球悬铃木、榆叶梅和毛梾 4 个物种外，易润湿的叶片具有较强的滞尘能力，不润湿的叶片滞尘能力较小，叶片接触角和滞尘量之间呈显著负相关。叶片接触角较大时，由于叶片表面表皮细胞突起、角质层折叠、蜡质晶体的微观形态结构及蜡质晶体的疏水性质使得叶片与粉尘等污染物的接触面积较

小，从而导致颗粒物与叶片表面的亲和力较小（Koch et al., 2009），滞留的粉尘易于在风、降水等的作用下离开叶面。而对于接触角较小的润湿叶片，叶片表面的微观结构如有凹凸不平（李海梅和刘霞，2008）、具有沟状组织（李海梅和刘霞，2008）、脊状皱褶（柴一新等，2002）等，使得粉尘等污染物与叶片表面的接触面积较大，滞留的粉尘不易从叶面脱落，叶片滞留颗粒物的能力也就相对较强。

对植物叶片而言，表面自由能与其化学组成等有关。植物叶片的化学组成主要是羟基脂肪酸、脂肪族化合物、环状化合物等非极性或弱极性的物质（Müller and Riederer, 2005）。因此叶片表面自由能主要表现为分子间色散力的作用，而极性分量对表面自由能的贡献相对较小。Shen 等（2004）对柿子叶片表面自由能的测定也表明色散分量对表面自由能的贡献达到了 83.8%，这与本章的研究结果一致。

当环境中的粉尘等颗粒物运动到足够靠近叶片表面时，在色散力的作用下，颗粒物被吸附在叶片表面，因此这种吸附作用与色散力的作用密切相关。表面自由能的色散分量越大对固体颗粒物的吸附作用越强，反之则越弱。因此植物叶片表面滞尘量与表面自由能的色散分量呈正相关。而反映表面分子间偶极和氢键相互作用的极性分量对表面自由能的贡献相对较小，这可能导致极性分量对叶片滞尘作用的贡献相对较小。但是粉尘等颗粒物的组成非常复杂，当含有的极性官能团与叶片表面的—OH、—COOH、—CHO 等极性官能团（Wagner et al., 2003）发生相互作用时，极性分量对叶片滞尘能力的影响也是不可忽视的。

5.1.3 植物叶面滞留颗粒物

5.1.3.1 不同植物叶面和蜡质层颗粒物滞留

不同物种间叶面滞留不同粒径颗粒物的质量分数有显著差异，不同洗脱步骤间叶面颗粒物质量分数亦存在较大差异（图 5-3）。当用蒸馏水清洗叶片后，叶面上的颗粒物可被洗脱掉 44.9% ~ 66.9%。其中，侧柏 [*Platycladus orientalis*（L.）Franco] 洗脱了 66.9%，枇杷 [*Eriobotrya japonica*（Thunb.）Lindl.] 为 65.4%、八角金盘 [*Fatsia japonica*（Thunb.）Decne. & Planch.] 为 64.4%、海桐为 63.8%（图 5-3），而白皮松（*Pinus bungeana* Iucc. ex Endl.）的洗脱值最低，为 46.9%。叶片表面颗粒物主要包括水溶性的颗粒物、粒径 0.1 ~ 2.5 μm（$PM_{2.5}$）的颗粒物、粒径 2.5 ~ 10 μm（$PM_{2.5 ~ 10}$）的颗粒物和粒径 >10 μm（$PM_{>10}$）的颗粒物，其变化分别介于：12.9% ~ 22.1%、1.4% ~ 3.8%、3.6% ~ 9.3%、38.7% ~ 58.4%。

三氯甲烷能够洗脱掉的颗粒物占总叶面颗粒物的 14.1% ~ 31.7%（图 5-3），其中白皮松最高，为 31.7%，之后为雪松 [*Cedrus deodara*（Roxb.）G. Don]（27.9%）、白车轴草（26.5%），而侧柏的最少，为 14.11%。叶面被蜡质包裹的颗粒物分为有机溶剂溶解颗粒物、$PM_{2.5}$、$PM_{2.5 ~ 10}$、$PM_{>10}$，其变化分别介于：1.2% ~ 8.8%、0.7% ~ 3.8%、2.1% ~ 7.1%、9.2% ~ 25.9%。

不同物种间叶面滞留不同粒径颗粒物之间有显著差异（图 5-4，表 5-1）。依据聚类分

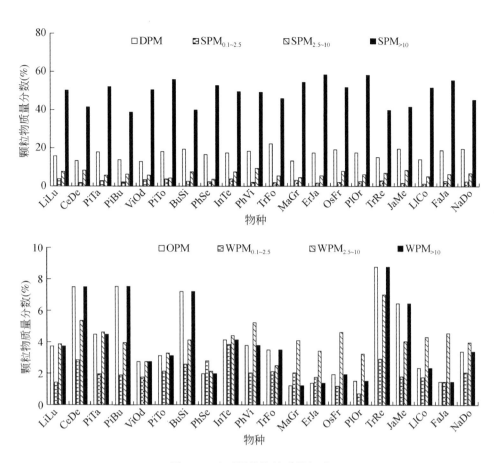

图 5-3　叶面颗粒物的质量组成

注: DPM 为水溶性颗粒; $SPM_{0.1\sim2.5}$ 为叶表面粒径 0.1~2.5 μm 的颗粒; $SPM_{2.5\sim10}$ 为叶表面粒径 2.5~10 μm 的颗粒; $SPM_{>10}$ 为叶表面粒径 >10 μm 的颗粒; OPM 为溶于三氯甲烷的颗粒; $WPM_{0.1\sim2.5}$ 为叶蜡质中粒径 0.1~2.5 μm 的颗粒; $WPM_{2.5\sim10}$ 为叶表面蜡质中粒径 2.5~10 μm 的颗粒; $WPM_{>10}$ 为叶表面蜡质中粒径 >10 μm 的颗粒。LiLu: 女贞; CeDe: 雪松; PiTa: 油松; PiBu: 白皮松; ViOd: 珊瑚树; PiTo: 海桐; BuSi: 黄杨; PhSe: 石楠; InTe: 箬竹; PhVi: 刚竹; TrFo: 棕榈; MaGr: 荷花玉兰; ErJa: 枇杷; OsFr: 木樨; PlOr: 侧柏; TrRe: 白车轴草; JaMe: 野迎春; LlCo: 枸骨; FaJa: 八角金盘; NaDo: 南天竹

析结果 (图 5-4, 表 5-2), 侧柏、荷花玉兰 (*Magnolia grandiflora* L.)、枇杷、八角金盘、珊瑚树、油松、女贞滞尘能力强, 变化介于 6.71~9.85 g/m²; 而白车轴草滞尘能力最低, 仅为 1.70 g/m², 白皮松、黄杨、棕榈 [*Trachycarpus fortunei* (Hook.) H. Wendl.]、木樨 [*Osmanthus fragrans* (Thunb.) Lour.]、侧柏、野迎春 (*Jasminum mesnyi* Hance)、枸骨 (*Ilex cornuta* Lindl. & Paxton)、南天竹 (*Nandina domestica*) 则具有中等滞尘能力。

叶面滞留水溶性颗粒物较大的物种 (1.10~1.77 g/m²) 有棕榈、枇杷、木樨、侧柏、八角金盘、珊瑚树、海桐、油松和女贞, 白车轴草最小, 仅为 0.26 g/m²。女贞、油松、珊瑚树、荷花玉兰、侧柏和枇杷表现出较大的颗粒物滞留能力。蜡质包裹的颗粒物变化介于 1.82~2.52 g/m², 其中 $PM_{2.5}$、$PM_{2.5\sim10}$、$PM_{>10}$ 分别变化于 0.15~0.17 g/m²、0.20~0.30 g/m² 和 1.11~1.86 g/m²。

表 5-1　植物叶面滞留颗粒物效率

物种		叶面滞留颗粒物效率（mg/m² · d）				
中文名	拉丁名	DPM	PM$_{0.1\sim2.5}$	PM$_{2.5\sim10}$	PM$_{>10}$	SPM
女贞	*Ligustrum lucidum* W. T. Aiton	22.45	5.31	10.82	71.63	110.21
雪松	*Cedrus deodara*（Roxb.）G. Don	15.10	2.04	9.39	47.35	73.88
油松	*Pinus tabuliformis* Carrière	25.92	4.08	8.16	74.71	113.87
白皮松	*Pinus bungeana* Zucc. ex Endl.	14.90	2.24	6.73	42.04	65.91
珊瑚树	*Viburnum odoratissimum* Ker Gawl.	23.88	6.33	10.61	93.47	134.29
海桐	*Pittosporum tobira*（Thunb.）W. T. Aiton	22.45	4.69	5.31	69.39	101.84
黄杨	*Buxus sinica*（Rehder & E. H. Wilson）M. Cheng	15.31	2.04	5.92	31.63	54.90
石楠	*Photinia serratifolia*（Desf.）Kalkman	20.41	2.86	4.49	65.31	93.07
箬竹	*Indocalamus tessellatus*（Munro）P. C. Keng	12.86	2.86	5.51	36.73	58.16
刚竹	*Phyllostachys sulphurea* var. *viridis* R. A. Young	12.86	1.43	6.53	34.49	55.31
棕榈	*Trachycarpus fortunei*（Hook.）H. Wendl.	36.12	3.06	8.78	74.90	122.86
荷花玉兰	*Magnolia grandiflora* L.	19.80	4.69	6.73	81.42	112.64
枇杷	*Eriobotrya japonica*（Thunb.）Lindl.	28.16	2.65	8.78	94.08	133.67
木樨	*Osmanthus fragrans*（Thunb.）Lour.	26.12	2.65	10.82	70.82	110.41
侧柏	*Platycladus orientalis*（L.）Franco	35.31	4.90	12.45	117.14	169.80
白车轴草	*Trifolium repens* L.	5.31	1.02	2.45	13.88	22.66
野迎春	*Jasminum mesnyi* Hance	19.80	1.63	8.57	42.04	72.04
枸骨	*Ilex cornuta* Lindl. & Paxton	14.69	1.43	5.31	53.88	75.31
八角金盘	*Fatsia japonica*（Thunb.）Decne. & Planch.	26.12	3.67	8.78	77.14	115.71
南天竹	*Nandina domestica* Thunb.	21.22	2.65	7.34	48.98	80.19

表 5-2　聚类分析

物种		简写	聚类分析结果
中文名	拉丁名		
女贞	*Ligustrum lucidum* W. T. Aiton	LiLu	3
雪松	*Cedrus deodara*（Roxb.）G. Don	CeDe	3
油松	*Pinus tabuliformis* Carrière	PiTa	2
白皮松	*Pinus bungeana* Zucc. ex Endl.	PiBu	2
珊瑚树	*Viburnum odoratissimum* Ker Gawl.	ViOd	3
海桐	*Pittosporum tobira*（Thunb.）W. T. Aiton	PiTo	3
黄杨	*Buxus sinica*（Rehder & E. H. Wilson）M. Cheng	BuSi	2
石楠	*Photinia serratifolia*（Desf.）Kalkman	PhSe	3
箬竹	*Indocalamus tessellatus*（Munro）P. C. Keng	InTe	1
刚竹	*Phyllostachys sulphurea* var. *viridis* R. A. Young	PhVi	1

物种		简写	聚类分析结果
中文名	拉丁名		
棕榈	*Trachycarpus fortunei*（Hook.）H. Wendl.	TrFo	2
荷花玉兰	*Magnolia grandiflora* L.	MaGr	3
枇杷	*Eriobotrya japonica*（Thunb.）Lindl.	ErJa	2
木樨	*Osmanthus fragrans*（Thunb.）Lour.	OsFr	2
侧柏	*Platycladus orientalis*（L.）Franco	PlOr	2
白车轴草	*Trifolium repens* L.	TrRe	1
野迎春	*Jasminum mesnyi* Hance	JaMe	2
枸骨	*Ilex cornuta* Lindl. & Paxton	IlCo	2
八角金盘	*Fatsia japonica*（Thunb.）Decne. & Planch.	FaJa	2
南天竹	*Nandina domestica* Thunb.	NaDo	2

注：1 表示滞尘能力最低，3 表示滞尘能力最高

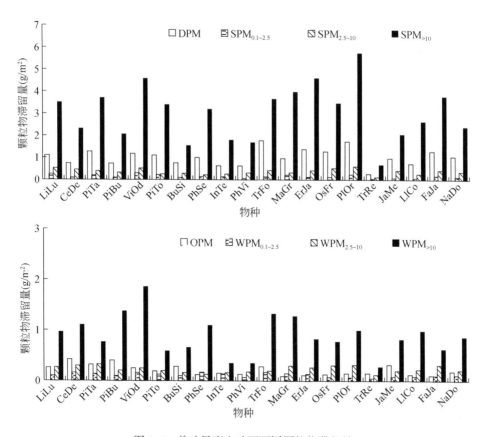

图 5-4　单叶尺度上叶面不同颗粒物滞留量

注：LiLu：女贞；CeDe：雪松；PiTa：油松；PiBu：白皮松；ViOd：珊瑚树；PiTo：海桐；BuSi：黄杨；PhSe：石楠；InTe：箬竹；PhVi：刚竹；TrFo：棕榈；MaGr：荷花玉兰；ErJa：枇杷；OsFr：木樨；PlOr：侧柏；TrRe：白车轴草；JaMe：野迎春；IlCo：枸骨；FaJa：八角金盘；NaDo：南天竹

5.1.3.2 不同植物叶面滞留颗粒物

供试植物的单位叶面积的 PM 滞留量具有显著的物种差异（表5-3，$p<0.001$），其中木槿（*Hibiscus syriacus* L.）的 PM 滞留量最高，为 3.44 g/m^2；五叶地锦［*Parthenocissus quinquefolia*（L.）Planch.］次之，为 3.00 g/m^2；在 2～3 g/m^2 的植物种有油松、大叶黄杨、二球悬铃木和白皮松；在 1～2 g/m^2 的物种有玉兰［*Yulania denudata*（Desr.）D. L. Fu］、紫薇（*Lagerstroemia indica* L.）、构树［*Broussonetia papyrifera*（L.）L'Hér. ex Vent.］、樱桃李（*Prunus cerasifera* Ehrh）等7种；在 1 g/m^2 以下的物种有小叶女贞、垂柳（*Salix babylonica* L.）、毛白杨、黄杨等10种。

供试植物的单位叶面积滞留 $PM_{2.5}$ 和 $PM_{>2.5}$ 的数量亦表现出显著的物种差异（表5-3，$p<0.001$），其变化范围分别为 0.04～0.39 g/m^2、0.29～3.05 g/m^2。对 $PM_{2.5}$ 的滞留量，大于 0.2 g/m^2 的物种有木槿、大叶黄杨和二球悬铃木；在 0.1～0.2 g/m^2 的物种有五叶地锦、油松、垂柳、雪松等16种；在 0.1 g/m^2 以下的有栾树、槐、日本小檗和白蜡树（*Fraxinus chinensis* Roxb.）。对 $PM_{>2.5}$ 的滞留量，木槿超过 3 g/m^2；五叶地锦、油松、大叶黄杨、二球悬铃木和白皮松 5 种植物在 2～3 g/m^2；玉兰、紫薇、构树、樱桃李和雪松 5 种植物在 1～2 g/m^2；美人梅（*Prunus blireana* cv. Meiren）、元宝槭（*Acer truncatum* Bunge）、小叶女贞等12种植物则小于 1 g/m^2。

不同植物的单叶 PM 滞留量有很大差异（表5-3，$P<0.001$），其中二球悬铃木最大，高达 21.42 mg；五叶地锦次之，为 20.44 mg；玉兰居三，为 10.87 mg；黄杨最小，为 0.09 mg。23 种植物的单叶滞留 $PM_{2.5}$ 和 $PM_{>2.5}$ 的数量在物种间差异显著（表5-2，$P<0.001$），其变化范围（mg）分别为 0.01（日本小檗）～2.15 mg（二球悬铃木）和 0.07（黄杨）～19.27 mg（二球悬铃木）。单叶滞尘能力强的二球悬铃木和五叶地锦的单叶 $PM_{2.5}$ 滞留量分别为 2.15 mg 和 1.33 mg，$PM_{>2.5}$ 滞留量分别为 19.27 mg 和 19.11 mg；而叶片表面积小的黄杨和日本小檗等物种的单叶 $PM_{2.5}$ 和 $PM_{>2.5}$ 滞留量均较小。

不同生活型植物的叶面 PM、$PM_{>2.5}$ 和 $PM_{2.5}$ 滞留量差异显著（表5-4，$P<0.05$）。单位叶面积的滞尘量由大到小依次为藤本 > 灌木 > 乔木，单叶的滞尘量排序为藤本 > 乔木 > 灌木。对叶习性而言，单位叶面积的 PM 和 $PM_{>2.5}$ 滞留量由大到小依次为落叶藤本>常绿乔木>常绿灌木≈落叶灌木>落叶乔木，$PM_{2.5}$ 的滞留量为常绿灌木>落叶藤本>常绿乔木≈落叶灌木>落叶乔木。单叶的 PM、$PM_{2.5}$ 滞留量均表现为落叶藤本>落叶乔木>常绿灌木≈落叶灌木>常绿乔木，而对 $PM_{>2.5}$ 的滞留量表现为落叶藤本>落叶乔木>常绿灌木≈落叶灌木>常绿乔木。

表5-3 供试植物单位叶面积和单叶 $PM_{2.5}$ 等颗粒物滞留量（均值±标准差）

物种		单位叶面积滞尘量（g/m^2）			单叶滞尘量（mg）		
中文名	拉丁名	$PM_{2.5}$	$PM_{>2.5}$	PM	$PM_{2.5}$	$PM_{>2.5}$	PM
毛白杨	*Populus tomentosa* Carrière	0.13±0.03	0.64±0.07	0.77±0.10	0.42	2.13	2.55
槐	*Styphnolobium japonicum* var. *japonicum*（L.）Schott	0.09±0.02	0.69±0.04	0.78±0.04	0.08	0.57	0.65

物种		单位叶面积滞尘量（g/m²）			单叶滞尘量（mg）		
中文名	拉丁名	$PM_{2.5}$	$PM_{>2.5}$	PM	$PM_{2.5}$	$PM_{>2.5}$	PM
银杏	*Ginkgo biloba* L.	0.10±0.05	0.30±0.09	0.40±0.11	0.16	0.47	0.63
二球悬铃木	*Platanus acerifolia*（Aiton）Willd.	0.25±0.07	2.23±0.14	2.48±0.19	2.15	19.27	21.42
元宝槭	*Acer truncatum* Bunge	0.16±0.07	0.88±0.12	1.04±0.18	0.94	5.12	6.06
垂柳	*Salix babylonica* L.	0.17±0.04	0.63±0.17	0.80±0.17	0.11	0.41	0.53
构树	*Broussonetia papyrifera*（L.）L'Hér. ex Vent.	0.11±0.02	1.34±0.18	1.46±0.16	0.75	8.97	9.72
白蜡树	*Fraxinus chinensis* Roxb.	0.04±0.01	0.55±0.18	0.59±0.19	0.11	1.55	1.67
玉兰	*Yulania denudata*（Desr.）D. L. Fu	0.12±0.01	1.82±0.21	1.94±0.21	0.66	10.21	10.87
栾树	*Koelreuteria paniculata* Laxm.	0.09±0.03	0.51±0.19	0.60±0.18	0.14	0.75	0.89
榆树	*Ulmus pumila* L.	0.13±0.04	0.29±0.05	0.42±0.09	0.11	0.24	0.35
白皮松	*Pinus bungeana* Zucc. ex Endl.	0.14±0.02	2.22±0.24	2.36±0.24	0.03	0.40	0.43
雪松	*Cedrus deodara*（Roxb.）G. Don	0.17±0.07	1.21±0.39	1.38±0.45	0.01	0.10	0.11
油松	*Pinus tabuliformis* Carrière	0.18±0.05	2.71±0.57	2.90±0.61	0.09	1.25	1.34
大叶黄杨	*Buxus megistophylla* H. Lév.	0.31±0.03	2.50±0.30	2.81±0.31	0.29	2.35	2.64
日本小檗	*Berberis thunbergii* DC.	0.06±0.03	0.61±0.14	0.67±0.11	0.01	0.11	0.12
樱桃李	*Prunus cerasifera* Ehrh.	0.12±0.01	1.26±0.23	1.39±0.23	0.19	1.99	2.18
紫薇	*Lagerstroemia indica* L.	0.17±0.02	1.52±0.04	1.69±0.05	0.12	1.08	1.20
美人梅	*Prunus blireana* cv. Meiren	0.13±0.03	0.89±0.16	1.02±0.19	0.24	1.64	1.88
木槿	*Hibiscus syriacus* L.	0.39±0.03	3.05±0.67	3.44±0.65	0.17	1.34	1.51
黄杨	*Buxus sinica*（Rehder & E. H. Wilson）M. Cheng	0.16±0.03	0.48±0.12	0.64±0.13	0.02	0.07	0.09
小叶女贞	*Ligustrum quihoui* Carrière	0.16±0.04	0.67±0.19	0.83±0.24	0.09	0.36	0.45
五叶地锦	*Parthenocissus quinquefolia*（L.）Planch.	0.19±0.05	2.81±0.08	3.00±0.06	1.33	19.11	20.44

表5-4　不同生活型和叶习性的植物叶面的 $PM_{2.5}$ 等颗粒物滞留量（均值±标准误差）

生活型	叶习性	单位叶面积滞尘量（g/m²）			单叶滞尘量（mg）		
		$PM_{2.5}$	$PM_{>2.5}$	PM	$PM_{2.5}$	$PM_{>2.5}$	PM
乔木	常绿	0.17±0.01	2.05±0.44	2.21±0.44	0.04±0.02	0.58±0.34	0.62±0.37
	落叶	0.13±0.02	0.90±0.19	1.02±0.20	0.51±0.19	4.51±1.82	5.01±2.00
	平均	0.14±0.01	1.14±0.21	1.28±0.22	0.41±0.16	3.67±1.49	4.07±1.64

生活型	叶习性	单位叶面积滞尘量（g/m²）			单叶滞尘量（mg）		
		PM$_{2.5}$	PM$_{>2.5}$	PM	PM$_{2.5}$	PM$_{>2.5}$	PM
灌木	常绿	0.23±0.06	1.49±0.82	1.72±0.88	0.16±0.11	1.21±0.93	1.36±1.04
	落叶	0.17±0.05	1.33±0.37	1.51±0.42	0.14±0.03	1.09±0.30	1.23±0.33
	平均	0.20±0.04	1.37±0.33	1.56±0.37	0.14±0.04	1.12±0.31	1.26±0.34
藤本		0.19±0.05	2.81±0.08	3.00±0.06	1.33	19.11	20.44

5.2 天气状况对植物叶面滞留颗粒物的影响

从中国气象科学数据共享服务网（http://cdc.cma.gov.cn）收集研究期间的降水量、相对湿度、极大风速和平均气温气象数据（图5-5）。从中国空气质量在线监测分析平台（https://www.aqistudy.cn/）上收集研究期间 PM$_{2.5}$ 和 PM$_{10}$ 浓度数据（图5-5）。

5.2.1 不同植物叶面滞留颗粒物

6种植物叶面滞留 PM 差异显著（ANOVA，$p<0.001$，图5-6），白皮松、木槿、荷花玉兰、石楠、女贞和海桐的 PM 滞留量变化分别介于 0.39~0.85 mg/cm²、0.05~0.27 mg/cm²、0.36~0.73 mg/cm²、0.10~0.52 mg/cm²、0.14~0.25 mg/cm²、0.07~0.39 mg/cm²。

6种植物叶面滞留 PM$_{>10}$、PM$_{2.5~10}$、PM$_{2.5}$ 的数量亦表现出显著的物种差异（ANOVA，$p<0.001$，图5-6）。叶面滞留 PM$_{>10}$ 表现出：白皮松（0.31~0.68 mg/cm²）>荷花玉兰（0.30~0.62 mg/cm²）>石楠（0.07~0.48 mg/cm²）>海桐（0.04~0.37 mg/cm²）>木槿（0.03~0.24 mg/cm²）>女贞（0.13~0.18 mg/cm²）。PM$_{2.5~10}$ 则为：白皮松（0.005~0.062 mg/cm²）>荷花玉兰（0.003~0.065 mg/cm²）>木槿（0.006~0.040 mg/cm²）>石楠（0.004~0.036 mg/cm²）>海桐（0.004~0.018 mg/cm²）>女贞（0.005~0.012 mg/cm²）。PM$_{2.5}$ 为：白皮松（0.05~0.15 mg/cm²）>荷花玉兰（0.006~0.07 mg/cm²）>女贞（0.005~0.068 mg/cm²）>石楠（0.006~0.031 mg/cm²）>木槿（0.007~0.027 mg/cm²）>海桐（0.006~0.014 mg/cm²）。

各树种对不同粒径的大气颗粒物滞留能力存在特异性（图5-6）。木槿对小粒径颗粒物的滞留能力最强，所滞留的 PM$_{2.5}$ 占总滞留量的 8.3%~30.67%，依次为女贞（2.75%~27.87%）>白皮松（3.45%~17.55%）>石楠（2.55%~19.39%）>海桐（2.68%~18.04%）>荷花玉兰（1.66%~13.05%）。海桐对 PM$_{2.5~10}$ 的滞留能力最强，占总滞留量的 2.07%~20.47%，依次为石楠（0.80%~18.53%）>木槿（3.87%~17.08%）>白皮松（0.79%~10.03%）>荷花玉兰（0.45%~8.91%）>女贞（2.20%~5.73%）。荷花玉兰对粒径大于 10 μm 颗粒的滞留能力最强，高达 84.00%~97.25%，依次为海桐（61.94%~95.25%）>白皮松（79.35%~94.90%）>女贞（69.94%~93.92%）>石楠（68.02%~93.28%）>木槿（53.57%~87.40%）。

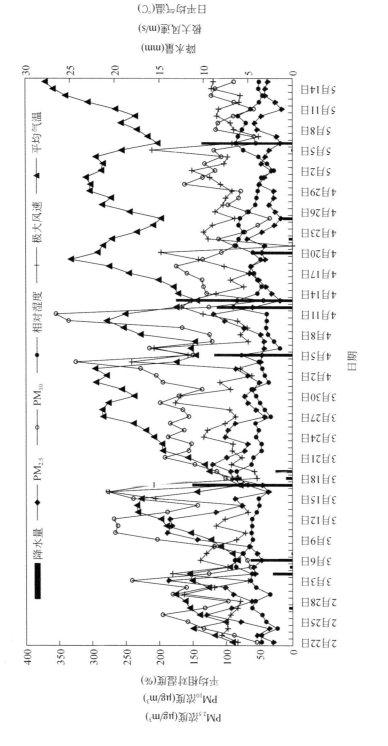

图5-5 研究期间PM$_{2.5}$、PM$_{10}$、降水量、极大风速、平均相对湿度和日平均气温变化

5.2.2　植物叶面滞留颗粒物变化

受天气状况的影响，供试的 6 种植物均表现出叶面对不同粒径颗粒物滞留的明显变化（图 5-6）。6 种供试植物暴露于 10.2 mm 的降雨后 4 d（5 月 11 日）较 1 d（5 月 8 日）后，叶面颗粒物滞留量均呈现明显的上升，但由于 5 月份空气污染相对较轻，且暴露时间不够长，因此认为叶面滞留颗粒物尚未达到饱和，但已达到研究期间最高的颗粒物滞留量。为方便比较，我们将叶面滞留 PM 及 $PM_{>10}$、$PM_{2.5\sim10}$、$PM_{2.5}$ 变化情况均与 5 月 11 日的叶面滞留 PM 及 $PM_{>10}$、$PM_{2.5\sim10}$、$PM_{2.5}$ 的量进行比较。

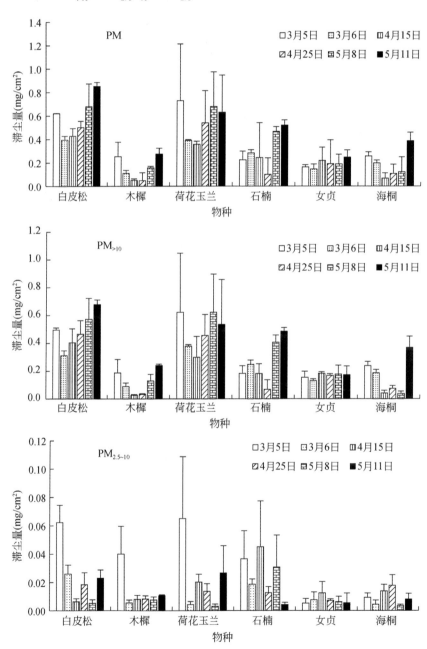

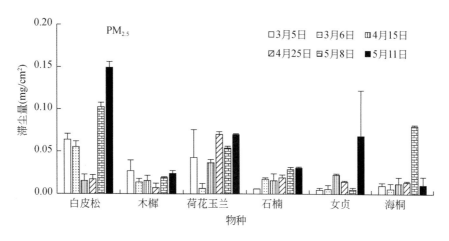

图 5-6　不同采样时间叶滞尘量

3 月 4 日降雨量 2.2 mm，其前 10 d 内，$PM_{2.5}$ 和 PM_{10} 浓度分别高达 186 $\mu g/m^3$ 和 241 $\mu g/m^3$，污染较严重。3 月 6 日与 3 月 5 日的研究结果相比，女贞和石楠叶面 PM 及 $PM_{>10}$、$PM_{2.5\sim10}$、$PM_{2.5}$ 变化不明显。白皮松、木樨、荷花玉兰和海桐叶面 PM 及 $PM_{>10}$、$PM_{2.5\sim10}$、$PM_{2.5}$ 呈现出不同程度的下降，大粒径颗粒物降低得更多。其中，荷花玉兰叶面颗粒物变化最明显，依次为木樨、白皮松和海桐。比较 3 月 6 日与 3 月 5 日的天气状况，发现主要差异在于极大风速的不同，说明白皮松、木樨、荷花玉兰和海桐叶面滞留不同粒径颗粒物的变化可能是由于大风的影响。

4 月 13 日和 4 月 14 日连续两天降水，其降水量分别为 8.5 mm 和 13.1 mm。总体来看，暴露于连续降水后使 6 种供试植物叶面滞留 PM 及 $PM_{>10}$、$PM_{2.5\sim10}$、$PM_{2.5}$ 降低。PM 的降低量分别为：海桐（82.6%）>木樨（81.4%）>石楠（53.2%）>白皮松（49.8%）>荷花玉兰（43.5%）>女贞（11.4%）。PM_{10} 的降低量分别为：海桐（88.8%）>木樨（88.6%）>石楠（62.4%）>荷花玉兰（44.0%）>白皮松（40.3%）>女贞（6.1%）。$PM_{2.5\sim10}$ 与 $PM_{2.5}$ 的变化则比较复杂，其中白皮松、木樨、荷花玉兰降低，海桐反而升高，石楠和女贞叶面 $PM_{2.5\sim10}$ 升高，但 $PM_{2.5}$ 降低。

5.2.3 植物叶面滞留颗粒物粒径变化

不同植物叶面滞留颗粒物粒径差异明显（图 5-7，表 5-5）。白皮松叶面颗粒物粒径呈双峰分布，木樨的呈单峰/双峰，石楠、女贞、荷花玉兰和海桐的呈双峰/三峰分布。叶面上滞留的 PM_1、$PM_{2.5}$、PM_{10}、PM_{100} 的体积分数分别为叶面颗粒物总量的 1.09% ~ 4.06%、4.10% ~ 15.61%、12.34% ~ 52.74% 和 56.63% ~ 100%。白皮松叶面滞留的颗粒以小颗粒为主，其滞留 PM_1、$PM_{2.5}$、PM_{10} 的体积分数在供试物种中最高，依次为木樨、女贞、荷花玉兰、石楠和海桐。

在不同类型天气影响下，植物叶面滞留颗粒物粒径分布均发生了明显变化（图 5-7，表 5-5）。粒径小于 100 μm 的颗粒占到了叶面滞留颗粒物总量的 56.63% ~ 100%，而粒径大于 100 μm 的颗粒物体积分数变化介于 0% ~ 43.07%。除海桐外，其他 5 种植物叶面滞留颗粒物粒径分布呈现出随着暴露时间的增长，小粒径颗粒物体积分数增加（图5-7，表5-5）。叶面滞留颗粒物的粒径均值、10%、25%、50%、75%和90%粒径的变化随暴露时间的增长的变化因物种而异。对白皮松和木樨而言，随着暴露时间的增长，均呈现出粒径变小；荷花玉兰、女贞和海桐，则呈现出随着暴露时间的增长而呈现出粒径变大的趋势；石楠叶面粒径特征随暴露时间的变化不明显。

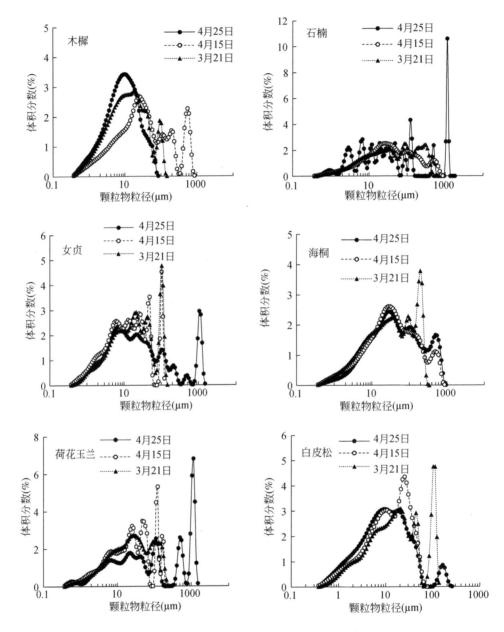

图 5-7　不同植物叶面滞留颗粒物粒径分布

表5-5 不同采样时间叶面颗粒物粒径特征

中文名	物种 拉丁名	时间	体积分数(%)						粒径特征(μm)					
			≤1μm	1~2.5μm	2.5~5μm	5~10μm	10~100μm	>100μm	均值	<10%	<25%	<50%	<75%	<90%
木樨	Osmanthus fragrans (Thunb.) Lour.	3月21日	3.11	9.99	13.01	20.57	49.69	3.61	11.52	2.14	4.88	12.07	28.24	56.73
		4月15日	2.20	5.97	7.02	11.18	47.35	26.29	31.57	3.24	9.93	29.66	110.5	461.2
		4月25日	3.88	11.01	15.59	25.87	43.58	0	8.45	1.92	4.20	9.05	18.36	33.41
石楠	Photinia serratifolia (Desf.) Kalkman	3月21日	1.44	4.18	6.33	11.57	45.01	31.44	37.14	4.33	11.70	39.94	141.6	280.4
		4月15日	1.61	4.13	5.25	1.35	51.17	27.51	36.02	4.64	13.14	35.74	114.3	285.2
		4月25日	2.20	5.47	9.60	13.17	38.65	30.86	37.92	2.96	7.30	28.88	131.8	1177
荷花玉兰	Magnolia grandiflora L.	3月21日	1.65	4.74	7.64	14.28	54.93	16.75	23.54	3.82	9.23	26.18	70.78	132.1
		4月15日	1.94	5.93	7.64	14.41	52.07	17.98	21.87	3.35	8.33	25.19	58.63	127.9
		4月25日	2.29	3.81	6.76	10.71	33.33	43.07	66.91	4.01	12.00	54.47	587.9	1187
白皮松	Pinus bungeana Zucc. ex Endl.	3月21日	1.96	8.34	9.92	17.97	50.22	11.60	15.50	2.59	6.34	16.34	40.24	104.4
		4月15日	3.38	8.97	11.05	21.57	55.04	0	10.74	2.18	5.47	12.61	25.60	37.43
		4月25日	4.06	11.55	13.95	23.18	43.30	3.97	9.50	1.82	4.27	9.93	21.62	39.46
女贞	Ligustrum lucidum W. T. Aiton	3月21日	1.99	8.23	9.53	16.90	52.26	11.12	16.75	2.61	6.54	18.44	46.22	103.4
		4月15日	3.37	10.25	11.85	19.42	47.58	7.53	12.35	2.04	5.01	13.10	32.81	57.65
		4月25日	3.11	7.08	10.37	17.99	39.50	21.94	24.50	2.61	6.23	18.76	78.78	925.3
海桐	Pittosporum tobira (Thunb.) W. T. Aiton	3月21日	1.70	5.19	6.93	12.12	47.61	26.46	29.89	3.71	10.26	33.57	107.7	199.1
		4月15日	1.82	4.60	5.47	10.29	51.71	26.15	34.35	4.23	12.64	34.76	107.6	272.2
		4月25日	1.09	3.01	5.06	10.31	48.50	32.05	43.80	5.53	14.70	41.67	144.0	419.3

5.3　不同城市环境下植物叶面拦截颗粒物的变化

5.3.1　不同城市环境下植物叶面滞尘量

由表5-6可知，各树种单位叶面积PM、$PM_{>10}$、$PM_{2.5\sim10}$滞留量差异极显著（$p<0.001$）。北京植物园9个树种的PM、$PM_{>10}$、$PM_{2.5\sim10}$滞留量分别在$0.61\sim2.25$ g/m^2、$0.50\sim1.89$ g/m^2、$0.04\sim0.21$ g/m^2，而国贸桥树种分别在$0.76\sim6.17$ g/m^2、$0.06\sim5.13$ g/m^2、$0.04\sim0.61$ g/m^2。两个地点PM滞留能力较强者均为大叶黄杨、玉兰和元宝槭，毛白杨和垂柳则相对较弱，并且两个地点单位叶面积$PM_{>10}$的滞留量均占PM滞留量的75%以上，因此各树种叶面$PM_{>10}$滞留量大小顺序与PM相一致。北京植物园9个树种单位叶面积$PM_{2.5\sim10}$滞留量占PM滞留量的3.4%~12.5%，平均值为8.3%；国贸桥9个树种单位叶面积$PM_{2.5\sim10}$滞留量占PM滞留量的4.8%~13.5%，平均值为7.9%，其中大叶黄杨单位叶面积$PM_{2.5\sim10}$滞留量最大，玉兰和元宝槭在国贸桥也表现出较强的滞留能力，但这些树种在北京植物园表现较弱。

各树种单位叶面积$PM_{2.5}$滞留量在国贸桥差异显著（$p<0.05$），但在北京植物园并不显著（$p>0.05$）。北京植物园9个树种单位叶面积$PM_{2.5}$滞留量为$0.04\sim0.15$ g/m^2，占PM滞留量的3.7%~8.7%，平均值为6.1%。国贸桥9个树种单位叶面积$PM_{2.5}$滞留量为$0.05\sim0.43$ g/m^2，占PM滞留量的5.0%~11.5%，平均值为8.3%。其中，对于单位叶面积$PM_{2.5}$的滞留能力，大叶黄杨和槐相对较强；白蜡树在北京植物园居第3位，而在国贸桥却居第8位。

北京植物园和国贸桥大气中$PM_{2.5}$与PM_{10}的质量浓度比值分别为0.82和0.74，而这两个地点9个树种对$PM_{2.5}$和PM_{10}的平均滞留量之比仅分别为0.49和0.52；单位叶面积PM、$PM_{>10}$、$PM_{2.5\sim10}$和$PM_{2.5}$平均滞留量之比分别为1.64、1.60、1.89和2.50。

国贸桥的大叶黄杨、玉兰、元宝槭、槐、银杏和垂柳单位叶面积PM和$PM_{>10}$的滞留量均大于北京植物园相应树种。其中，大叶黄杨差异最大，樱桃李、白蜡树、毛白杨差异则较小。国贸桥大叶黄杨、玉兰、元宝槭和银杏单位叶面积$PM_{2.5\sim10}$滞留量均大于北京植物园相应树种。其中，元宝槭差异最大，垂柳则小于北京植物园；槐、白蜡树和毛白杨单位叶面积$PM_{2.5\sim10}$滞留量相当。另外，国贸桥9个树种单位面积$PM_{2.5}$的滞留量均大于北京植物园相应树种。

大叶黄杨单位叶面积PM、$PM_{>10}$、$PM_{2.5\sim10}$和$PM_{2.5}$的滞留量均大于其他树种，部分原因可能是其作为低矮常绿灌木，比其他树种更接近地面粉尘源，这也是王赞红和李纪标（2006）研究大叶黄杨的主要原因。两个地点白蜡树、毛白杨、垂柳的PM滞留能力均较差，这与王蕾等（2006）的研究结果具有可比性。

北京植物园元宝槭单位叶面积PM滞留量大于樱桃李和白蜡树，其单位叶面积$PM_{2.5\sim10}$滞留量却较小；槐单位叶面积PM滞留量居第8位，$PM_{2.5}$却居第3位。同样，国贸桥槐单位叶面积PM滞留量居第4位，$PM_{2.5\sim10}$却居第8位，但$PM_{2.5}$仅次于大叶黄杨。

表5-6 北京植物园和国贸桥9个树种单位叶面积滞尘量对比

（单位：g/m²）

物种		国贸桥				北京植物园				比值[1]			
中文名	拉丁名	PM	PM>10	PM2.5-10	PM2.5	PM	PM>10	PM2.5-10	PM2.5	PM	PM>10	PM2.5-10	PM2.5
大叶黄杨	Buxus megistophylla H. Lév.	6.17[a]	5.13[a]	0.61[a]	0.43[a]	2.25[a]	1.89[a]	0.21[a]	0.15[a]	2.74	2.71	2.90	2.87
玉兰	Yulania denudata (Desr.) D. L. Fu	3.02[b]	2.64[b]	0.23[b]	0.15[b]	1.39[b]	1.26[bc]	0.09[bc]	0.04[b]	2.17	2.09	2.56	3.75
元宝槭	Acer truncatum Bunge	2.32[c]	2.01[c]	0.17[c]	0.14[bc]	1.75[b]	1.65[ab]	0.04[c]	0.06[ab]	1.33	1.22	4.25	2.33
槐	Styphnolobium japonicum var. japonicum(L.) Schott	1.41[d]	1.20[d]	0.05[e]	0.16[b]	0.66[de]	0.53[de]	0.05[c]	0.08[ab]	2.14	2.26	1.00	2.00
银杏	Ginkgo biloba L.	1.25[d]	1.03[de]	0.13[cd]	0.09[bc]	0.98[cd]	0.83[de]	0.09[be]	0.06[ab]	1.28	1.24	1.44	1.50
樱桃李	Prunus cerasifera Ehrh.	1.13[d]	0.91[de]	0.11[d]	0.11[bc]	1.16[bc]	0.93[cd]	0.13[b]	0.10[ab]	0.97	0.98	0.85	1.10
垂柳	Salix babylonica L.	0.91[d]	0.76[de]	0.05[e]	0.10[bc]	0.16[e]	0.50[e]	0.07[bc]	0.04[b]	1.49	1.52	0.71	2.50
白蜡树	Fraxinus chinensis Roxb.	0.80[d]	0.60[e]	0.11[d]	0.09[bc]	1.11[c]	0.93[cd]	0.11[bc]	0.07[ab]	0.72	0.65	1.00	1.29
毛白杨	Populus tomentosa Carrière	0.76[d]	0.6[e]	0.04[e]	0.05[c]	0.90[d]	0.80[de]	0.06[c]	0.04[b]	0.84	0.84	1.00	1.25

注：同列数据后的不同小写字母表示单位叶面积不同粒径颗粒物滞留量在 $p=0.05$ 水平上差异显著。1)为国贸桥与北京植物园树种单位叶面积相应粒径颗粒物滞留量之比

贾彦等（2012）的研究也发现，虽然红花檵木叶片滞尘量只有木槿的一半，但 $PM_{2.5}$ 的滞留量却相差不大。由此可知，树种单位叶面积 PM 滞留能力不能决定各粒径颗粒物的滞留能力。

Dzierzanowski 等（2011）发现，叶面滞留 PM 组分以 $>10 \sim 100~\mu m$ 颗粒物为主、$2.5 \sim 10~\mu m$ 颗粒物次之、$0.2 \sim 2.5~\mu m$ 颗粒物最小。本研究中两个地点 $PM_{>10}$ 为 PM 的绝对主体（75% 以上），因为质量与粒径呈立方关系。另外，贾彦等（2012）通过对粉尘颗粒物数量的分析也表明，叶面主要滞留的颗粒物是 PM_{10} 和 $PM_{2.5}$。本研究单位叶面积 $PM_{2.5 \sim 10}$ 和 $PM_{2.5}$ 的滞留量相差不大，表明叶面滞留 $PM_{2.5}$ 的数量远大于 $PM_{2.5 \sim 10}$。

两个地点 9 个树种对 $PM_{2.5}$ 和 PM_{10} 的平均滞留量之比小于大气中的 $PM_{2.5}$ 与 PM_{10} 的质量浓度比，究其原因主要有：①本研究采用水洗法，叶面滞留的部分可溶性颗粒物会溶解于水中；②在过滤过程中，$10~\mu m$ 的滤膜在达到饱和后也能截留部分 $<10~\mu m$ 的细颗粒物；③部分颗粒物可以进入叶面的蜡质层，采用水洗方法无法测定蜡质层中的滞尘量。

Nowak 等（2006，2013）利用 UFORE（urban forest effects）、i-Tree 模型得出，污染物沉积量为沉积速率与污染浓度的乘积。汽车尾气排放已经成为北京大气颗粒物的第一污染源，2013 年 5 ~ 10 月国贸桥大气中 $PM_{2.5}$ 和 PM_{10} 的质量浓度的平均值均高于北京植物园，由此导致其树种对颗粒物的滞留量相对较高，国贸桥和北京植物园 9 个树种 PM、$PM_{>10}$、$PM_{2.5 \sim 10}$ 和 $PM_{2.5}$ 平均滞留量之比分别为 1.64、1.60、1.89 和 2.50。本研究还发现，树种对颗粒物的滞留能力存在地点差异并随粒径减小呈增大的趋势。

国贸桥大叶黄杨单位叶面积 PM、PM_{10}、$PM_{2.5 \sim 10}$ 的滞留量均大于北京植物园大叶黄杨，但毛白杨却较小。Sæbø 等（2012）研究发现，垂枝桦在污染程度较大的挪威，对 $PM_{2.5}$ 的滞留能力最强，对 PM 的滞留能力较弱；而在较清洁的波兰却表现出较高的 PM 滞留量。由此可知，污染较严重地点的树种叶片对不同粒径颗粒物的滞留能力并不一定强。

5.3.2 不同城市环境下植物叶面微形态结构

两个地点 9 个树种叶面微形态结构和特征测量值如表 5-7 和表 5-8 所示。由表 5-7 和表 5-8 可知，国贸桥槐叶正面较北京植物园粗糙，突起显著。北京植物园元宝槭的气孔密度（$445.0 \pm 24.0/mm^2$）是垂柳的 4.09 倍，而国贸桥元宝槭的气孔密度是垂柳的 4.29 倍；两个地点樱桃李背面气孔密度变化较大。两个地点毛白杨、玉兰和元宝槭的单叶面积相差较大，其余树种相差不大。

北京植物园 9 个树种叶正面接触角最小的为垂柳，最大的为银杏，叶背面接触角小于 90° 的白蜡树、毛白杨、大叶黄杨、元宝槭和樱桃李的润湿性都较好，接触角大于 90° 的垂柳、玉兰、银杏和槐的润湿性较差。国贸桥树种叶正面接触角最小的为毛白杨，最大的为槐；叶背面接触角小于 90° 的为白蜡树、毛白杨、大叶黄杨、樱桃李、元宝槭、槐和垂柳，大于 90° 的为银杏和玉兰（表 5-8）。

利用主成分分析北京植物园和国贸桥 9 个树种的叶面形态特征（表 5-8）在滞尘量方面的重要性，前 2 个主成分的载荷如图 5-8 所示。由图 5-8 可见，北京植物园前 2 个主成分所占比例之和为 72.3%，国贸桥前 2 个主成分所占比例之和为 74.7%，并且在两个地

表5-7 不同树种上下叶面结构特征

物种		叶正面结构特征	叶背面结构特征
中文名	拉丁名		
大叶黄杨	Buxus megistophylla H. Lév.	叶片革质,分布紧密排列的小室,边缘突起,具蜡质层	突起边缘间的尺寸较宽,具蜡质层
玉兰	Yulania denudata (Desr.) D. L. Fu	块状的突起,沟槽缝隙间距大	气孔较多,深沟槽
元宝槭	Acer truncatum Bunge	叶脉显著,条状突起有沟槽	气孔多
槐	Styphnolobium japonicum var. japonicum (L.) Schott	表面光滑,有绒毛	密集沟槽,有绒毛
银杏	Ginkgo biloba L.	粗大的条状组织	保护细胞突起,无其他结构
樱桃李	Prunus cerasifera Ehrh.	密布极细的网状浅沟组织	无毛,多浅沟组织
垂柳	Salix babylonica L.	分布着气孔与较浅的纹理组织	密布条状组织
白蜡树	Fraxinus chinensis Roxb.	多深沟槽	突起较多,有少量绒毛
毛白杨	Populus tomentosa Carrière	浅沟槽较多	气孔周围密布条状组织

表5-8 北京植物园和国贸桥各树种的叶面形态特征测量结果

地点	中文名	拉丁名	背面气孔密度 (mm²)	背面气孔长度 (μm)	背面气孔宽度 (μm)	背面气孔长宽比	单面叶面积 (cm²)	正面接触角 (°)	背面接触角 (°)	正面绒毛密度 (mm²)	背面绒毛密度 (mm²)
北京植物园	大叶黄杨	*Buxus megistophylla* H. Lév.	247.0±2.8	19.6±0.1	15.3±0.8	1.3±0.1	13.7±0.6	65.0±1.6	70.0±1.4	—	—
	玉兰	*Yulania denudata* (Desr.) D. L. Fu	217.0±0.7	19.1±0.4	8.0±0.1	2.5±0.1	80.2±16.8	68.2±1.4	113.2±2.1	—	—
	元宝槭	*Acer truncatum* Bunge	445.0±24.0	9.8±0.1	5.2±0.1	1.9±0.1	37.1±1.3	58.1±1.3	70.2±1.4	—	—
	槐	*Styphnolobium japonicum* var. *japonicum*(L.) Schott	—	—	—	—	7.5±0.3	67.5±1.8	97.7±0.7	0.8±0.5	2.0±1.2
	银杏	*Ginkgo biloba* L.	69.0±1.3	23.1±0.3	11.3±0.3	2.0±0.2	18.0±0.4	74.0±2.0	103.1±2.7	—	—
	樱桃李	*Prunus cerasifera* Ehrh.	395.0±7.8	15.0±0.4	7.4±0.1	2.0±0.1	16.4±1.1	62.6±2.1	75.9±1.2	—	—
	垂柳	*Salix babylonica* L.	109.0±4.2	29.4±0.2	23.5±0.6	1.3±0.1	13.4±0.7	53.1±1.0	115.9±0.8	—	0.4±0.2
	白蜡树	*Fraxinus chinensis* Roxb.	138.0±4.9	23.5±0.8	11.3±0.8	2.2±0.1	24.9±2.0	58.8±3.3	60.2±2.3	—	—
	毛白杨	*Populus tomentosa* Carrière	178.0±9.2	17.8±0.2	7.4±0.1	2.5±0.1	75.0±3.1	70.4±4.2	68.2±2.9	—	—
国贸桥	大叶黄杨	*Buxus megistophylla* H. Lév.	198.0±4.2	24.0±1.4	16.5±1.0	1.5±0.1	12.5±1.5	56.6±0.9	67.7±0.1	—	—
	玉兰	*Yulania denudata* (Desr.) D. L. Fu	207.0±2.1	18.2±0.1	7.6±0.3	2.4±0.1	36.2±7.3	70.5±1.2	114.1±0.5	—	—
	元宝槭	*Acer truncatum* Bunge	296.0±12.3	8.5±0.1	4.0±0.2	2.2±0.1	31.0±0.3	62.4±3.2	71.1±1.0	—	—
	槐	*Styphnolobium japonicum* var. *japonicum*(L.) Schott	109.0±2.7	16.5±1.7	9.9±1.3	1.7±0.4	5.8±0.4	85.4±1.4	82.0±0.3	—	1.50±1.00
	银杏	*Ginkgo biloba* L.	89.0±1.9	17.3±0.7	7.4±0.5	2.3±0.3	21.6±2.8	68..8±1.4	103.2±1.4	—	—
	樱桃李	*Prunus cerasifera* Ehrh.	277.0±5.7	16.2±0.2	7.9±0.2	2.1±0.1	18.3±0.5	60.7±3.2	68.4±0.3	—	—
	垂柳	*Salix babylonica* L.	69.0±0.7	17.1±0.7	7.0±0.5	2.5±0.1	13.0±3.0	70.0±0.1	86.2±1.7	—	—
	白蜡树	*Fraxinus chinensis* Roxb.	227.0±24.1	22.5±0.2	13.2±0.1	1.7±0.1	16.6±1.5	63.4±3.8	62.4±2.0	—	—
	毛白杨	*Populus tomentosa* Carrière	168.0±3.5	17.1±0.3	7.2±0.3	2.2±0.1	57.3±0.8	56.4±0.4	64.2±0.8	—	—

点叶正面接触角和背面气孔长宽比对滞尘量的影响均较大，叶背面气孔宽度的影响相对较小。依据 Holder（2007）的判断标准，两个地点 9 个树种叶片正面和背面均易被润湿。

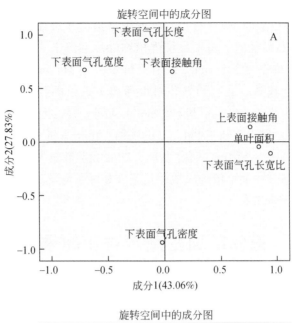

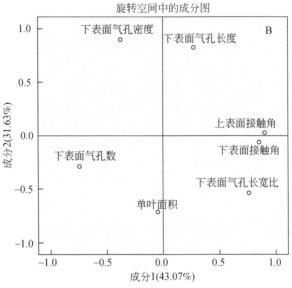

图 5-8 各树种叶面形态特征的变量–载荷结果
A 为北京植物园；B 为国贸桥

贾彦等（2012）和刘璐等（2013）认为，粗糙程度大、接触角较小、微形态结构密集和深浅差别大及气孔密度大的叶面，会增加其与颗粒物的接触面积，使得叶片对颗粒物的滞留量较高。本研究中，滞尘能力较强的大叶黄杨、玉兰、元宝槭和樱桃李叶正面的突起和条状组织密布，润湿性强（接触角均小于71°），气孔密度（>189/mm²）大且叶正面沟槽的间隙距离也较大；而银杏、垂柳的气孔密度（69 ~ 109/mm²）相对较小，叶背面润湿性差（接触角均大于85°），滞尘能力较弱；毛白杨的沟槽浅，不利于颗粒物的滞留。刘玲等（2013）认为，气孔吸附主导型（无绒毛，气孔密度和开度大）的叶面主要吸附细颗粒物。Burkhard等（1995）的风洞试验表明，直径约为0.5 μm的细小颗粒物多积聚在针叶气孔附近。贾彦等（2012）研究发现，叶面粗糙程度对颗粒物的滞留能力与叶面沟状结构的尺寸有关，叶面微结构尺寸对细颗粒物具有筛选作用；沟壑宽度不大于粉尘颗粒粒径时，将不会增强植物叶片的滞尘能力。本研究中，气孔密度较大的北京植物园樱桃李（395 mm^2），国贸桥玉兰（217 mm^2）、元宝槭（296 mm^2）对PM$_{2.5\sim10}$滞留能力均较高。毛白杨气孔附近滞留了少量细颗粒物，由于气孔密度（在北京植物园和国贸桥分别为168 mm^{2}和178 mm^2）较小，不利于滞留PM$_{2.5\sim10}$。由此推断，气孔密度（>217 mm^2）较大有利于PM$_{2.5\sim10}$的滞留，由于本研究数据有限，详细结论还需要进一步分析。王会霞等（2010b）研究发现，叶面绒毛数量及其形态、分布特征对滞尘能力有重要影响。本研究中北京植物园槐叶片正面和背面均发现有绒毛，白蜡树叶正面有绒毛，但国贸桥白蜡树则没有。

5.4 植物叶面拦截颗粒物的季节变化

5.4.1 植物叶面滞尘量的季节变化

槐、二球悬铃木、银杏、雪松、油松和女贞叶的滞尘量均存在明显的季节性变化（$p<0.001$，图5-9）。

槐叶的滞尘量从4月的0.29 g/m^{2}增加到11月落叶前的3.10 g/m^2，平均为1.44 g/m^2；5月上旬槐叶的滞尘量最小，为0.17 g/m^2；6月下旬到7月上旬是滞尘量变化的转折期，之后滞尘量变化介于1.39~3.10 g/m^2（图5-9）。

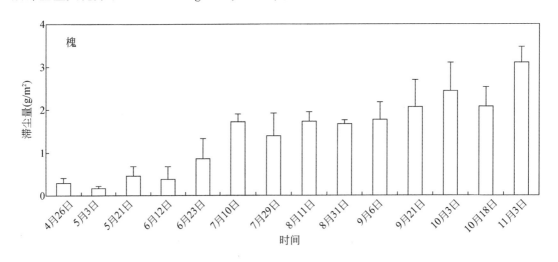

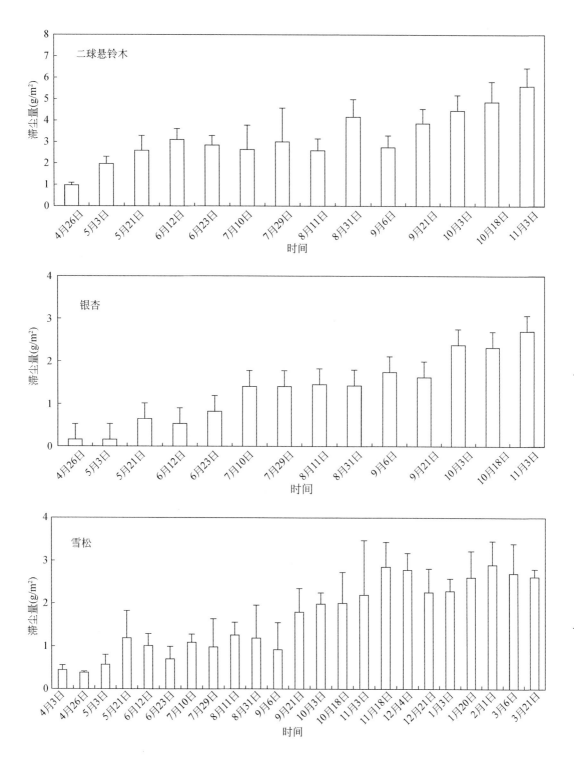

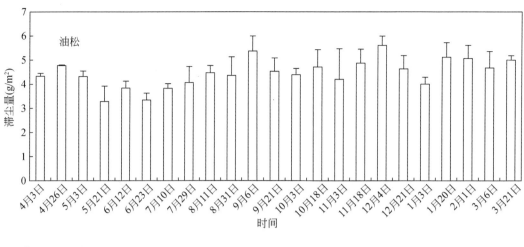

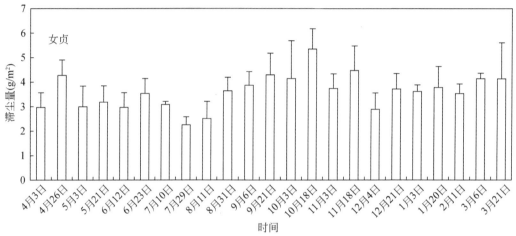

图 5-9　叶面润湿性和滞尘量的季节性变化

二球悬铃木叶的滞尘量在 4 月为 0.97 g/m²；5 月上旬到 8 月中旬滞尘量维持在 2~3 g/m²；8 月下旬以后滞尘量增加到 4.86 g/m²；9 月滞尘量较 8 月下旬反而有所下降，为 2.74~3.86 g/m²；11 月下旬达到落叶前的最大值，为 5.60 g/m²（图 5-9）。整个生长季，二球悬铃木叶均具有较高的滞尘能力，其滞尘量的均值为 3.24 g/m²。

银杏叶的滞尘量从 4 月的 0.16 g/m² 持续缓慢增加到 11 月落叶前的 2.70 g/m²，平均为 1.34 g/m²。4 月下旬和 5 月上旬银杏叶滞尘量较小，为 0.16 g/m²。6 月下旬到 7 月上旬是滞尘量变化的转折期，之后滞尘量变化于 1.41~2.70 g/m²（图 5-9）。

雪松作为常绿植物，4 月的滞尘量相对较小，为 0.38~0.44 g/m²；从 5 月下旬到 9 月初，滞尘量变化于 0.92~1.80 g/m²；10 月以后达到 2.20 g/m² 以上；最高值为冬季的 2.90 g/m²，从 10 月至次年 3 月滞尘量较高，介于 1.99~2.90 g/m²，其均值为 1.68 g/m²（图 5-9）。

油松叶的滞尘量在 4 月为 4.33 g/m²，5 月下旬至 7 月上旬滞尘量变化介于 3.28~3.83 g/m²。之后，滞尘量维持在 4~5 g/m²，12 月达到最大值，为 5.61 g/m²（图 5-9）。整个生长季，油松叶均具有较高的滞尘能力，其滞尘量的均值为 4.47 g/m²。

女贞叶的滞尘量在整个生长季均较高，变化介于 2.97～5.35 g/m² ，滞尘量的均值为 3.61 g/m²（图 5-9）。

在整个生长季，槐、二球悬铃木、银杏、雪松、油松和女贞叶的平均滞尘量由大到小为：油松、女贞、二球悬铃木、雪松、槐、银杏。油松叶的滞尘量显著高于女贞和二球悬铃木（$p < 0.05$），而女贞和二球悬铃木叶的滞尘能力差异不显著（$p > 0.05$）。二球悬铃木和女贞叶的滞尘量显著高于槐、银杏和雪松（$p < 0.05$），雪松、银杏和槐叶的滞尘能力差异不显著（$p > 0.05$）。6 种植物叶的滞尘量整体表现为常绿物种较高，落叶物种较低；秋冬季成熟叶较高，春季的新叶较低。

5.4.2 叶面微结构的周年季节性变化

槐 4 月的新叶正面表皮细胞凸起，表面分布有大量的蜡质晶体，分布均一，仅有零星的颗粒物存在（图 5-10 A）；背面分布有稠密的绒毛且具有蜡质晶体，表皮细胞凸起，且密布蜡质晶体（图 5-10 B）。随着生长季节变化，叶片背面绒毛消失。槐叶正面和背面表皮蜡质受到自然环境、污染物等的影响，数量减少，分布不均一，有较多的颗粒物存在（图 5-10 C～D）。

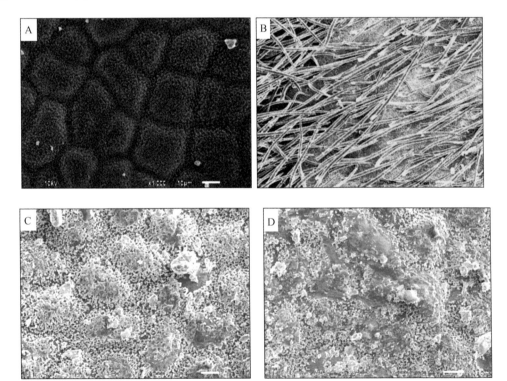

图 5-10 槐叶 4 月（A、B）和 10 月（C、D）的扫描电镜图

注：A、C 为正面；B、D 为背面

二球悬铃木新叶表面密集沟状组织（图 5-11 A），气孔仅分布在叶下表皮，气孔周围有脊状突起，气孔周围有少量的颗粒物（图 5-11 B）。在 10 月，二球悬铃木叶正面被颗粒

物完全覆盖，无法看到叶表皮结构。这些颗粒物形态呈不规则、球体和聚合体，粒径小于 10 μm（图 5-11 C）。叶背面微结构与 4 月无明显差异（图 5-11 D）。

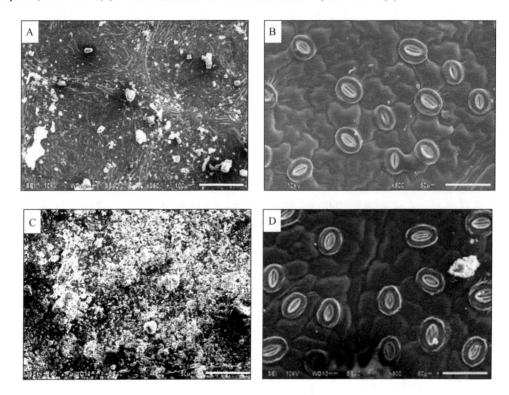

图 5-11　二球悬铃木叶 4 月（A、B）和 10 月（C、D）的扫描电镜图

注：A、C 为正面；B、D 为背面

　　银杏新叶正面表皮细胞突起，且排列较整齐，细胞的形状较为细长，多呈长矩形或梭形，垂周壁平直或略弯曲，表面密布蜡质晶体，分布均一，表面无颗粒物（图 5-12 A）。新叶背面有气孔分布，表皮细胞凸起，排列不规则。垂周壁略弯曲至波状弯曲，多数情况下垂周壁平滑。气孔器为单环式，每个气孔有数个副卫细胞围绕；副卫细胞的平周壁明显加厚，具乳状突起，拱盖着下陷的保卫细胞。气孔的周围几乎全为副卫细胞的乳状突起所覆盖，保卫细胞下陷很深。但从下表皮的内面观察，膨大的肾形保卫细胞明显突出于表皮细胞之上。表皮细胞、保卫细胞、副卫细胞及孔下室均密布管状蜡质晶体，分布均匀（图 5-12 B）。在 10 月，银杏叶正面从扫描电镜图上能观察到突起的表皮细胞，表皮细胞上及细胞间分布有大量的颗粒物；表皮蜡质受自然环境、污染物等的影响，可能由蜡质晶体转变为无定型形态或蜡质膜（图 5-12 C）。银杏叶背面在 10 月与 4 月在气孔形态、蜡质晶体形态及分布密度方面无明显差异（图 5-12 D）。

　　雪松 4 月的新叶正面和背面蜡质晶体呈团簇状，分布均匀，表面有平行排列的棱（图 5-13 A～B）。随着生长期的延长，叶片正面和背面表皮蜡质数量明显减少，分布不均一，显微图片明显显示出比新叶更多的颗粒物存在（图 5-13 C～D）。

　　油松 4 月的新叶表面有平行排列的棱，气孔顺棱的方向分布，可见分泌的油斑，细胞与气孔排列整齐，表皮光滑。气孔分布在叶正面和背面，且下陷，在孔下室密布蜡质晶体

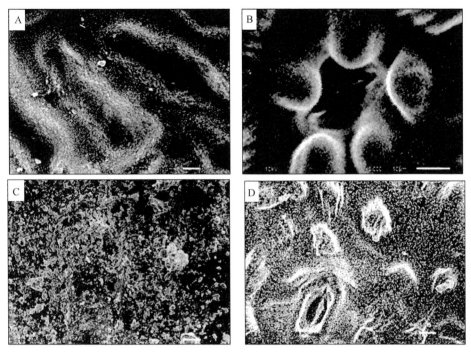

图 5-12　银杏叶 4 月（A、B）和 10 月（C、D）的扫描电镜图

注：A、C 为正面；B、D 为背面

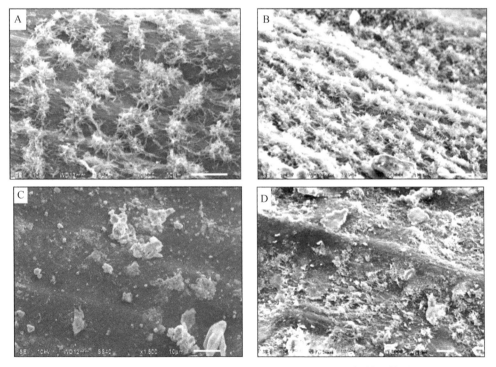

图 5-13　雪松叶 4 月（A、B）和 10 月（C、D）的扫描电镜图

注：A、C 为正面；B、D 为背面

（图5-14 A~B）。随着生长期的延长，叶片正面和背面有大量由小颗粒聚集在一起的颗粒，难以观察到叶面结构（图5-14 C~D）。这些颗粒物的聚合体可能是由于油松叶面分泌物的黏结作用。

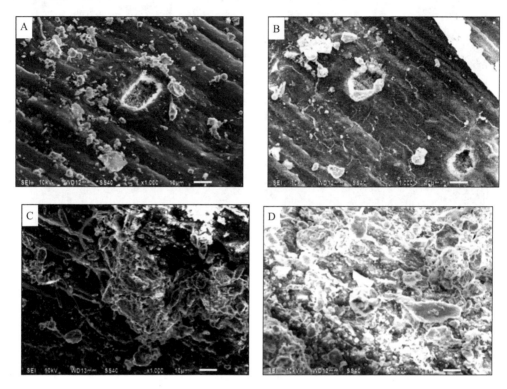

图5-14　油松叶4月（A、B）和10月（C、D）的扫描电镜图

注：A、C为正面；B、D为背面

女贞4月的新叶正面可观察到大量直径约为 10 μm 的凹陷和突起，表面分布有大量的颗粒物。这些颗粒物形态呈不规则、球体和聚合体，粒径小于 10 μm（图5-15 A）。气孔仅分布在叶下表皮，气孔周围有脊状突起，气孔周围有少量的颗粒物，直径较小的颗粒物进入气孔的孔下室，而直径相对较大的颗粒物沉积在气孔口上（图5-15 B）。在10月，女贞叶正面被颗粒物完全覆盖，无法看到叶表皮结构。叶背面气孔形态及分布密度与4月无明显差异，但比新叶有更多的颗粒物存在（图5-15 C~D）。

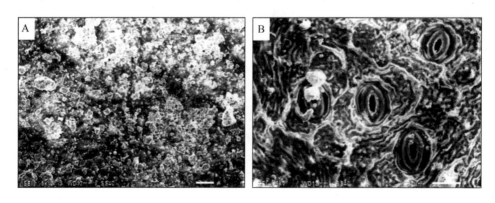

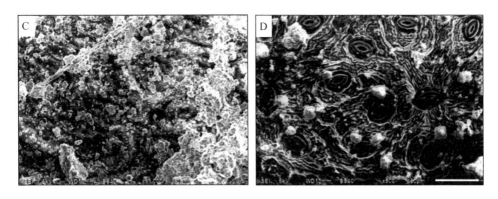

图 5-15　女贞叶 4 月（A、B）和 10 月（C、D）的扫描电镜图

注：A、C 为正面；B、D 为背面

叶面滞留大气颗粒物主要附着在叶正面（图 5-10～图 5-15）。为说明叶面润湿性与滞尘量之间的关系，以叶正面的接触角与滞尘量进行分析。结果表明，叶正面接触角与滞尘量呈显著负相关（$r=-0.849$，$p=0.000$，图 5-16）。自然环境状况下测定的叶面滞尘量与接触角之间的关系与我们采用模拟降尘法测定的最大滞尘量与叶接触角间的关系一致，说明叶接触角是影响叶面滞尘的重要因素。

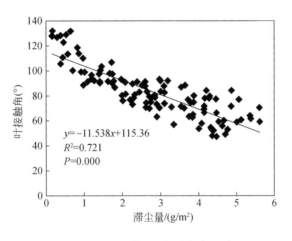

$y=-11.538x+115.36$
$R^2=0.721$
$P=0.000$

图 5-16　叶正面滞尘量与接触角的关系

在我们的研究中，我们发现银杏叶正面的接触角在 4 月至 6 月上旬为 118.7°～131.7°；7 月上旬至 10 月上旬，接触角为 90.3°～100.6°，保持弱疏水的特征，之后接触角逐渐下降至落叶前的 79.4°。但银杏叶背面的接触角变化在 11 月前不明显，变化介于113.2°～136.0°，表现为斥水特征，仅在 11 月落叶前有较明显的下降，其接触角为106.0°。这些实验结果与 Neinhuis 和 Barthlott（1998）对银杏在整个生长季润湿性的研究明显不一致（图 5-17）。Neinhuis 和 Barthlott（1998）发现银杏叶正面在整个生长期接触角多保持在 130°～140°，仅在 10 月为 105°～110°。同种植物不同的研究者得到的结果却不同，可能与当地的环境条件等有关。Neinhuis 和 Barthlott（1998）的研究对象生长在波恩大学校园内，环境条件相对较好，叶面滞留的颗粒物较少（图 5-18），对叶面造成的伤

害相对较小。而我们的研究区域是我国大气污染比较严重的城市之一，区域经济发展迅速，受风沙危害严重，颗粒物是其大气污染的首要污染物。同时，年均降水量较小，被滞留的颗粒物在叶面上的停留时间较长，可能导致叶面结构的破坏。

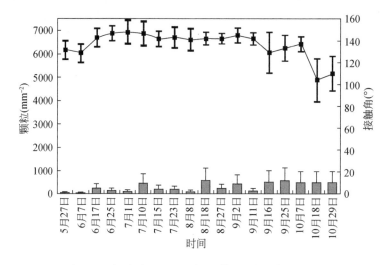

图 5-17 银杏叶正面润湿性和滞尘量的周期性变化

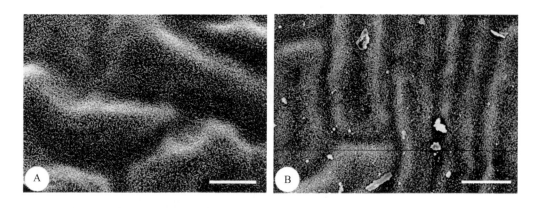

图 5-18 银杏叶正面在春季（A）和秋季（B）的扫面电镜图（标尺：20 μm）

植物叶面在整个生长季滞尘能力有差异，且叶滞尘能力表现出明显的季节性变化，新叶滞尘量较小，随着叶龄的增加滞尘量增大。对于本研究的 6 种植物，易润湿的植物叶具有较强的滞尘能力，不易润湿的植物叶滞尘能力较小；叶正面接触角和滞尘量之间呈显著负相关。由此可见，叶面润湿性在植物生长过程中由疏水转变为亲水特征可能是影响叶滞尘能力的主要因素。

植物叶面润湿性对持水的影响

植被降水截留是植被生态水文的重要环节，其机理的研究对阐明水土保持机制、植被截留对土壤水分空间分布的影响及水循环过程和水量平衡状况有着重要的意义（李春杰等，2009）。在叶片尺度上，水滴在叶面的不同形态（如水膜、斑块状、水滴或球状）（Hall and Burke，1974）会对持水量产生很大的影响，从而影响植被冠层截留量。测定叶片持水量常用的方法主要是喷水法（Bradley et al.，2003；Haines et al.，1985；Tanakamaru et al.，1998；Wilson et al.，1999；Wohlfahrt et al.，2006）和浸水法（Wohlfahrt et al.，2006）。Wohlfahrt 等（2006）采用喷水法和浸水法研究了 9 种山地牧草的最大持水量，发现前者显著大于后者。Wilson 等（1999）研究了叶片位置、叶片密度、叶龄对阳芋叶持水能力的影响，发现冠层上部叶片的持水能力较下层高，老叶较新叶高。Tanakamaru 等（1998）发现，大麦幼叶的持水能力明显低于老叶，可能由于幼叶和老叶表面润湿性的差异。

6.1 植物叶片的最大持水量

喷水法和浸水法是测定叶片持水量常用的方法。根据叶面积大小选择试验叶片数量，较大的叶片选择 10~15 片，较小的选择 30~40 片，每个物种各设 3 个重复。将选取的新鲜叶片用 0.0001 g 分析天平称重（M_0）。测定叶正面的持水量时，用镊子夹住叶片垂直浸入水中 10s 或用喷壶向叶面喷水至水沿叶片流下（一般不超过 10s），用吸水纸将叶片背面的水拭去后称重（M_1），两次质量之差（M_1-M_0）即为叶正面的持水量。为减少叶蒸腾和水分挥发对实验造成的影响，整个过程控制在 1 min 内完成。将测定后的叶片晾干，置于扫描仪（HP Scanjet G2410，日本）中扫描后分析叶单面面积（S）。（M_1-M_0）/S 即为叶正面单位面积的最大持水量。测定叶片背面的最大持水量时将叶片正面的水拭去，其他过程同叶片正面。采用喷水法和浸水法对西安市 21 种植物叶面的最大持水量进行了测定。采用浸水法对淳化（41 种）、宜川（37 种）和神木（28 种）共 106 种植物叶片的最大持水量进行了测定。

喷水法和浸水法测定的叶片最大持水量物种间有显著差异（$p<0.001$），前者显著大于后者（$p<0.001$），高出 9.3%~87.2%（图 6-1）。浸水法测定的植物叶正面最大持水量从白车轴草的 6.5 g/m² 到二球悬铃木的 82.1g/m²。叶片背面从槐的 7.5 g/m² 到二球悬铃木的 97.9 g/m²。整个叶片持水量变化介于 29.4~180.0 g/m²（图 6-1 A）。喷水法测得的叶片正面最大持水量从山樱花的 42.9 g/m² 到海桐的 143.4 g/m²，叶片背面从月季花的 42.5 g/m² 到二球悬铃木的 160.9 g/m²，整个叶片持水量变化介于 94.1~278.3 g/m²（图 6-1 B）。

表 6-1 是淳化、宜川和神木 106 种供试植物叶片的最大持水量测定结果。方差分析表明，物种间、叶正面和背面间及淳化、宜川和神木 3 个采样点间叶片最大持水量有显著差

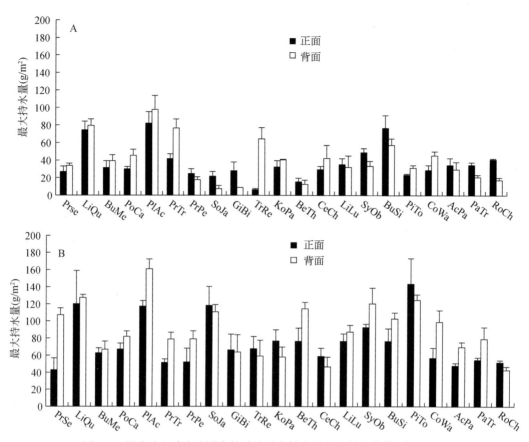

图 6-1 浸水法和喷水法测定的叶片最大持水量的比较（均值±标准差）

注：A 为浸水法；B 为喷水法；PlAc：二球悬铃木；GiBi：银杏；SoJa：槐；RoCh：月季花；PiTo：海桐；
BeTh：日本小檗；TrRe：白车轴草；LiLu：女贞；LiQu：小叶女贞；BuMe：大叶黄杨；KoPa：栾树；SyOb：紫
丁香；PoCa：加杨；CoWa：毛棫；PrSe：山樱花；BuSi：黄杨；AcPa：鸡爪槭；CeCh：紫荆；PaTr：地锦；
PrPe：桃；PrTr：榆叶梅

异（$p<0.001$）。叶片正面最大持水量在淳化、宜川、神木的均值分别为 36.41 g/m^2、
38.78 g/m^2、25.33 g/m^2；叶片背面最大持水量在淳化、宜川和神木的均值分别为：
29.40 g/m^2、29.98 g/m^2、17.60 g/m^2；正面和背面持水量在淳化、宜川和神木的均值则
分别为：65.80 g/m^2、68.76 g/m^2、42.93 g/m^2。所测定的植物叶片正面最大持水量从斜
茎黄芪的 4.09 g/m^2 到飞廉的 88.87 g/m^2，叶片背面从飞廉的 0.72 g/m^2 到龙芽草（*Agri-
monia pilosa* Ladeb.）的 93.35 g/m^2，整个叶片持水量从针茅的 5.67 g/m^2 到龙芽草的
159.59 g/m^2。

106 种植物中有 3 种植物叶片呈针叶状，持水量未进行正、背面区分，除这 3 个物种
外，有 41 种叶片正面最大持水量显著大于背面（成对 t 检验，$p<0.05$），有 12 种叶片背
面最大持水量显著大于正面（成对 t 检验，$p<0.05$），其余 50 种正面和背面最大持水量无
显著差异（成对 t 检验，$p>0.05$）。在不同采样点，叶片正面和背面持水量表现出不同的
趋势。淳化的 41 个物种（油松未区分正背面）中，有 13 种叶片正面持水量显著高于背面
（成对 t 检验，$p<0.05$），有 3 种叶片背面持水量显著高于正面（成对 t 检验，$p<0.05$），
其余的 24 种叶片正面和背面无显著差异（成对 t 检验，$p>0.05$）。宜川的 37 个物种（油

松未区分正背面）中，有 16 种叶片正面持水量显著高于背面（成对 t 检验，$p<0.05$），有 6 种叶片背面持水量显著高于正面（成对 t 检验，$p<0.05$），其余的 14 种叶片正面和背面无显著差异（成对 t 检验，$p>0.05$）。神木的 28 个物种（油蒿未区分正背面）中，有 12 种叶片正面持水量显著高于背面（成对 t 检验，$p<0.05$），有 3 种叶片背面持水量显著高于正面（成对 t 检验，$p<0.05$），其余的 12 种叶片正面和背面无显著差异（成对 t 检验，$p>0.05$）。

表6-1 淳化、宜川、神木物种叶片最大持水量（浸水法，均值±标准差）

地点	物种		最大持水量（g/m^2）	
	中文名	拉丁名	正面	背面
淳化	艾	*Artemisia argyi* H. Lév. & Vaniot	47.77±1.32	9.65±2.46
	黄栌	*Cotinus coggygria* Scop.	4.87±1.29	4.09±0.55
	野艾蒿	*Artemisia lavandulaefolia* DC. Prodr.	60.48±5.16	17.97±3.70
	南蛇藤	*Celastrus orbiculatus* Thunb.	27.28±3.52	32.25±2.63
	杭子梢	*Campylotropis macrocarpa*（Bunge）Rehder	9.64±2.75	12.43±7.23
	山楂	*Crataegus pinnatifida* Bunge	36.86±5.29	41.83±5.89
	紫丁香	*Syringa oblata* Lindl.	27.73±2.97	17.51±3.51
	毛樱桃	*Prunus tomentosa* Thunb.	76.20±10.25	8.01±2.67
	山杏	*Prunus sibirica* L.	35.93±5.91	21.41±5.86
	金钱槭	*Dipteronia sinensis* Oliv.	35.15±3.92	33.37±6.52
	三脉紫菀	*Aster ageratoides* Turcz.	31.87±4.83	47.30±12.18
	茅莓	*Rubus parvifolius* L.	26.22±2.80	7.27±5.10
	杜仲	*Eucommia ulmoides* Oliv.	21.65±2.16	39.18±5.00
	黄精	*Polygonatum sibiricum* Redouté	25.58±7.51	20.08±8.86
	紫花地丁	*Viola philippica* Cav.	42.21±5.47	45.33±6.81
	朴树	*Celtis sinensis* Pers.	25.08±6.47	44.68±2.53
	山蓼	*Oxyria digyna*（L.）Hill	66.50±8.56	39.83±9.90
	蒿属	*Artemisia* Linn.	62.48±7.08	12.07±6.50
	蛇莓	*Duchesnea indica*（Andrews）Teschem.	34.76±1.31	36.98±5.89
	黑弹树	*Celtis bungeana* Blume	37.70±4.08	42.42±4.12
	白颖薹草	*Carex duriuscula* subsp. *rigescens*（Franch.）S. Y. Liang & Y. C. Tang	37.29±1.10	37.33±1.71
	剑叶沿阶草	*Ophiopogon jaburan*（Siebold）Lodd.	10.81±1.81	64.97±6.47
	青榨槭	*Acer davidii* Frarich.	27.46±4.15	7.05±1.65
	黄背勾儿茶	*Berchemia flavescens*（Wall.）Brongn.	61.93±5.71	70.58±15.43
	地榆	*Sanguisorba officinalis* L.	35.32±2.01	16.11±2.09
	金茅	*Eulalia speciosa*（Debeaux）Kuntze	11.51±3.27	6.11±2.48
	大戟	*Euphorbia pekinensis* Rupr.	20.95±3.89	4.46±1.11
	日本续断	*Dipsacus japonicus* Miq.	29.70±2.48	34.56±2.86
	芦苇	*Phragmites australis*（Cav.）Trin. ex Steud.	5.40±2.29	10.70±5.77
	油松	*Pinus tabuliformis* Carrière	93.27±16.21	

地点	物种		最大持水量（g/m²）	
	中文名	拉丁名	正面	背面
淳化	刺槐	*Robinia pseudoacacia* L.	13.19±1.71	10.69±1.61
	白刺花	*Sophora davidii* var. *davidii*	16.70±8.95	17.77±2.36
	黄刺玫	*Rosa xanthina* Lindl.	41.29±6.89	5.05±1.01
	连翘	*Forsythia suspensa*（Thunb.）Vahl	54.89±12.49	44.11±5.26
	杜梨	*Pyrus betulifolia* Bunge	25.80±4.95	25.46±1.39
	刚毛忍冬	*Lonicera hispida* Pall. ex Schult.	71.66±7.69	76.94±12.40
	胡颓子	*Elaeagnus pungens* Thunb.	56.10±3.02	29.00±5.28
	胡枝子	*Lespedeza bicolor* Turcz.	15.77±3.06	21.67±2.46
	荚蒾	*Viburnum dilatatum* Thunb. in Murray	81.81±8.21	75.19±9.36
	枣	*Ziziphus jujuba* Mill.	50.07±9.19	51.61±11.04
	绣线菊	*Spiraea salicifolia* L.	52.61±7.55	32.88±4.43
宜川	山杨	*Populus davidiana* Dode	26.28±4.41	10.17±5.39
	油松	*Pinus tabuliformis* Carrière	75.76±12.53	
	蒙古栎	*Quercus mongolica* Fisch. ex Ledeb.	48.18±3.50	4.51±0.98
	刺槐	*Robinia pseudoacacia* L.	9.49±1.41	5.61±3.80
	白桦	*Betula platyphylla* Sukaczev	25.48±2.03	31.09±5.75
	黄荆	*Vitex negundo* L.	47.14±4.52	17.92±4.05
	白刺花	*Sophora davidii* var. *davidii*	18.55±3.86	10.82±2.13
	黄刺玫	*Rosa xanthina* Lindl.	13.52±2.63	16.03±1.56
	沙棘	*Hippophae rhamnoides* Linn.	67.53±4.65	51.66±8.32
	山桃	*Prunus davidiana*（Carrière）Franch.	47.67±3.40	28.42±3.24
	连翘	*Forsythia suspensa*（Thunb.）Vahl	45.33±2.52	34.73±9.40
	杜梨	*Pyrus betulifolia* Bunge	22.86±3.67	17.74±3.27
	刚毛忍冬	*Lonicera hispida* Pall. ex Schult.	70.93±6.80	72.93±9.93
	胡颓子	*Elaeagnus pungens* Thunb.	54.77±6.73	24.99±3.54
	胡枝子	*Lespedeza bicolor* Turcz.	13.14±7.68	18.48±3.69
	互叶醉鱼草	*Buddleja alternifolia* Maxim.	32.01±7.15	18.13±3.24
	苦参	*Sophora flavescens* Aiton	27.35±5.20	9.43±5.23
	羊草	*Leymus chinensis*（Trin. ex Bunge）Tzvelev	8.49±6.57	30.36±6.30
	栾树	*Koelreuteria paniculata* Laxm.	42.96±8.46	31.64±7.47
	朝天委陵菜	*Potentilla supina* L.	59.86±9.88	81.38±4.71
	荚蒾	*Viburnum dilatatum* Thunb. in Murray	66.13±4.70	36.55±4.15
	枣	*Ziziphus jujuba* Mill.	45.24±13.83	42.18±1.25
	灰栒子	*Cotoneaster acutifolius* Turcz.	21.98±2.80	40.28±8.02
	野棉花	*Anemone vitifolia* Buch. –Ham. ex DC.	46.01±2.37	11.77±0.68

植物叶界面特征对拦截空气颗粒物的影响及环境指示

地点	物种		最大持水量（g/m²）	
	中文名	拉丁名	正面	背面
宜川	榆树	*Ulmus pumila* L.	35. 36±1. 35	48. 85±7. 53
	牛尾蒿	*Artemisia dubia* Wall. ex Bess.	10. 39±5. 40	11. 27±2. 14
	针茅	*Stipa capillata* L.	5. 67±1. 84	
	龙芽草	*Agrimonia pilosa* Ledeb.	66. 24±12. 96	93. 35±10. 32
	柴胡	*Bupleurum chinense* DC.	12. 59±2. 58	10. 00±0. 52
	黑桦	*Betula dahurica* Pall.	44. 28±4. 67	42. 34±2. 87
	虎榛子	*Ostryopsis davidiana* Decne.	39. 31±5. 44	80. 17±13. 79
	细裂叶莲蒿	*Artemisia gmelinii* Weber ex Stechm.	40. 34±3. 96	14. 56±0. 85
	绣线菊	*Spiraea salicifolia* L.	59. 16±8. 35	10. 10±0. 75
	墓头回	*Parinia heterophylla* Bunge	54. 69±4. 97	45. 78±21. 48
	委菱菜	*Potentilla chinensis* Ser.	53. 16±4. 58	10. 73±1. 55
	艾	*Artemisia argyi* H. Lév. & Vaniot	24. 20±5. 01	17. 13±1. 79
	羊须草	*Carex callitrichos* V. I. Krecz. in Komarov	56. 63±14. 22	18. 30±3. 68
神木	朝阳隐子草	*Cleistogenes hackelii*（Honda）Honda	5. 57±0. 37	18. 72±2. 42
	草木樨	*Melilotus officinalis*（L.）Pall.	29. 08±2. 24	11. 94±0. 90
	飞廉	*Carduus nutans* L.	88. 87±4. 06	0. 72±0. 19
	蒺藜	*Tribulus terrester* L.	18. 02±2. 94	15. 48±2. 68
	鹅绒藤	*Cynanchum chinense* R. Br.	19. 57±0. 90	17. 12±1. 44
	苦荬菜	*Ixeris polycephala* Cass. ex DC.	9. 80±0. 90	3. 76±0. 87
	沙芦草	*Agropyron mongolicum* Keng	9. 16±2. 33	3. 93±1. 32
	乳浆大戟	*Euphorbia esula* L.	16. 87±3. 61	12. 87±2. 27
	柠条锦鸡儿	*Caragana korshinskii* Kom.	14. 24±1. 29	13. 70±2. 83
	胡枝子	*Lespedeza bicolor* Turcz.	7. 51±1. 27	8. 45±1. 27
	牻牛儿苗	*Erodium stephanianum* Willd.	70. 78±4. 60	10. 42±1. 67
	砂珍棘豆	*Oxytropis racemosa* Turcz.	7. 29±1. 28	4. 46±1. 29
	斜茎黄芪	*Astragalus laxmannii* Jacq.	4. 09±0. 42	5. 37±1. 78
	沙蒿	*Artemisia desertorum* Spreng.	30. 08±10. 61	
	沙棘	*Hippophae rhamnoides* L.	52. 10±3. 35	15. 31±3. 53
	北沙柳	*Salix psammophila* C. Wang & C. Y. Yang	16. 43±2. 11	20. 72±3. 59
	山杏	*Prunus sibirica* L.	32. 44±6. 34	13. 67±2. 59
	兴山榆	*Ulmus bergmanniana* C. K. Schneid.	52. 12±2. 43	74. 53±7. 41
	枣	*Ziziphus jujuba* Mill.	33. 21±4. 87	24. 78±4. 30
	踏郎	*Hedysarun mongolicum* Turcz.	22. 18±4. 87	13. 64±3. 74
	小叶杨	*Populus simonii* Carrière	31. 34±2. 20	38. 62±6. 41
	中亚天仙子	*Hyoscyamus pusillus* L.	43. 76±5. 57	87. 24±10. 01

6

植物叶面润湿性对持水的影响

地点	物种		最大持水量（g/m²）	
	中文名	拉丁名	正面	背面
神木	华北白前	*Cynanchum mongolicum* (Maxim.) Hemsl.	38.38±3.75	5.39±0.89
	榆树	*Ulmus pumila* L.	30.88±4.17	33.17±3.00
	虎尾草	*Chloris virgata* Sw.	6.15±2.42	3.98±2.42
	紫苜蓿	*Medicago sativa* L.	8.62±3.17	6.08±2.25
	硬质早熟禾	*Poa sphondylodes* Trin.	4.31±0.98	2.07±0.88
	紫穗槐	*Amorpha fruticosa* L.	11.24±0.92	8.97±1.24

胡枝子和枣是在三个采样点均有分布的物种，但在不同环境条件下叶片持水量有显著差异。胡枝子叶片在神木的持水量显著低于宜川和淳化（t 检验，$p<0.05$），宜川和淳化之间差异不显著（t 检验，$p>0.05$）。对枣而言，叶片正面和背面的持水量由大到小依次为：淳化、宜川、神木。山杏和沙棘叶面持水量在神木和淳化也出现相似的变化趋势，宜川显著高于神木（t 检验，$p<0.05$）。绣线菊、荚蒾、胡颓子、刚毛忍冬、杜梨、连翘、黄刺玫、白刺花、刺槐和艾在淳化和宜川均有大量分布，其中胡颓子、刚毛忍冬和白刺花在两个地区的叶面持水量无显著差异（t 检验，$p>0.05$），而绣线菊、荚蒾、杜梨、连翘、黄刺玫、刺槐和艾则是淳化显著高于宜川（t 检验，$p<0.05$）。

所测试的植物叶片的最大持水量与一些文献的结果一致（Bradley et al., 2003; Brewer and Smith, 1997; Haines et al., 1985; Hanba et al., 2004; Wohlfahrt et al., 2006）。Wohlfahrt 等（2006）所测定的 9 种植物叶片最大持水量介于 13.2～314.0 g/m²。Bradley 等（2003）对 18 种白车轴草的研究发现白车轴草叶片最大持水量在 110～360 g/m²。Wilson 等（1999）认为洋芋叶片对降水的冠层截留量为 150 g/m²。但对于同种植物不同的研究者测定的结果不同，Bradley 等（2003）测定的白车轴草叶的最大持水量为 193.73 g/m²，本研究中采用浸水法和喷水法测定的结果分别为 70.75 g/m² 和 126.88 g/m²，低于 Bradley 等人的测定结果。本研究中同种植物在不同的采样地测定的结果亦不相同，可能的原因是不同的生境和位置也是造成植物叶片持水量不同的一个因素。植物叶片的润湿性及对降水截留量的不同是各种生境中常见的一种现象。西安市年均降水量为 583.7 mm，较 Wohlfahrt、Bradley 等人的研究地区降水量低（分别为 850 mm、784.9 mm），较低的叶片持水能力是在干旱生境中生长的植物对环境的一种适应性。

以液滴体积为 6 mm³ 计，接触角 $\theta=58.2°$ 的龙芽草（*Agrimonia pilosa* Ledeb.）叶背面最大持水量为 93.35 g/m²，其覆盖的叶面面积为 10.79 mm²，而对于接触角 $\theta=139.0°$ 的白刺花背面而言，被水覆盖的叶面面积仅为 1.41 mm²；这对于背面气孔密度基本相当的龙牙草和白刺花而言（气孔密度分别为 294.1±33.5 mm²、333.0±93.5 mm²），被水所覆盖的气孔数分别为 3173 个和 470 个。气孔长期被水堵塞能够降低叶面与大气间的气体交换，从而影响叶片的光合速率（Brewer and Smith, 1994; Hanba et al., 2004; Pandey and Nagar, 2003）。Hanba 等（2004）发现在高空气湿度情况下，疏水性的大豆叶气孔导度增加 12.5%，核酮糖 1,5-二磷酸羧化酶（Ribulose-1,5-bisphosphate carboxylase/oxygenase，

植物叶界面特征对拦截空气颗粒物的影响及环境指示

Rubisco）含量变化不明显，对 CO_2 的吸收速率增加了 28%；而亲水性的豌豆叶气孔导度和 Rubisco 含量分别下降 16% 和 55%，对 CO_2 的吸收速率降低了 22%。Brewer 和 Smith（1994）发现叶面露水造成叶光合速率降低；具有较大接触角不易润湿性的叶面，水珠与叶面的接触面积小，对光合作用的影响较小；易润湿的叶面，水分呈水膜或斑块状，与叶面的接触面积大，被水覆盖的气孔相对较多，导致光合速率下降的较多。此外，许多研究发现致病孢子只有在适宜的水分条件下才能在叶片上萌芽并侵染到植物体内，植物叶面上的水分是病菌生长所必需的重要水分来源（Raina，1981）。Knoll 和 Schreiber（1998）认为改变核桃叶面的润湿性，可影响附生微生物的存在。Huber 和 Gillespie（1992）在对植物叶面润湿性和表皮病菌感染的关系中指出，露水持留时间的长短受气候、叶面润湿性及种植结构的影响。Cook（1980）发现，落花生叶片不润湿时，极少感染花生锈病。

6.2　几种典型润湿性叶面上的液滴形态

对植物叶面而言，可通过测定与水的接触角大小判断润湿性大小。在叶面润湿性研究过程中，根据研究目的的不同，不同的研究者采用了不同的标准。Rosado 等（2010）将接触角 $\theta < 40°$ 认为是超级润湿（super-hydrophilic），$40° < \theta < 90°$ 是高度润湿；而 Crisp（1963）将接触角 $\theta < 110°$ 认为是通常所说的润湿，而 $\theta > 130°$ 的认为不润湿，表现出斥水性；而 Yoshimitsu（2002）则进一步划分 $130° < \theta < 150°$ 为斥水，$\theta > 150°$ 为高度斥水。据此，在本研究中选择代表不同润湿性特征的桃叶正面（$\theta = 42.3° \pm 8.2°$，图 6-2 A）、榆叶梅叶正面（$\theta = 84.8° \pm 12.3°$，图 6-2 B）、黄杨叶正面（$\theta = 85.2° \pm 13.3°$，图 6-2 C）、海桐叶背面（$\theta = 102.1° \pm 4.5°$，图 6-2 D）和月季花叶背面（$\theta = 133.3° \pm 2.9°$，图 6-2 E）分析润湿性对液滴在叶面上形态的影响。

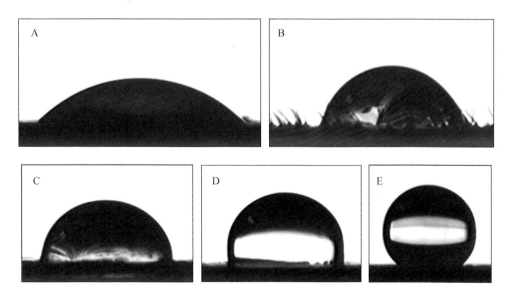

图 6-2　几种植物叶片与水的接触状态

注：A 为桃叶正面 $\theta = 42.3°$；B 为榆叶梅叶正面 $\theta = 84.8°$；C 为黄杨叶正面 $\theta = 85.2°$；D 为海桐叶背面 $\theta = 102.1°$；
E 为月季花叶背面 $\theta = 133.3°$

浸水法测定时，桃叶正面和榆叶梅叶正面液滴呈膜状，极少呈斑块状（图 6-3A 和图 6-3B）；在黄杨叶正面和海桐叶背面以小液滴存在，海桐叶背面液滴数量相对较多（图 6-3C 和图 6-3D）；月季花叶背面仅局部被水膜覆盖（图 6-3E）。向叶面喷水时，液滴在桃叶正面形成斑块状，其分布明显较浸水法高（图 6-3F）；榆叶梅叶正面由于叶面针状亲水性

图 6-3　水分在植物几种典型润湿性叶面上的形态

注：A～E 用浸水法；F～J 用喷水法；A 和 F 为桃叶正面；B 和 G 为榆叶梅叶正面；C 和 H 为黄杨叶正面；
D 和 I 为海桐叶背面；E 和 J 为月季花叶背面

绒毛的导流作用而使水分均匀分散成水膜（图6-3G）；液滴均匀分布在整个黄杨叶正面和海桐叶背面，液滴分布密度和大小均较浸水法高（图6-3H和图6-3I）；而高疏水的月季花叶背面在喷水过程中有少量的球状小液滴（图6-3J）。

喷水法测定的植物叶片的最大持水量显著大于浸水法，这与喷水时在叶面形成大量的水滴有关。Beysens等（1991）认为向叶面喷水时易于在叶面形成水珠。Calder等（1996）研究了液滴体积对植被冠层截留的影响，发现喷水时小的液滴体积对叶面的润湿效果更好。对植物叶面而言，表面有大量的表皮细胞、附生的绒毛和蜡质晶体（Wagner et al.，2003）等微观几何结构形成的非光滑体。当非光滑体的尺寸小于液滴尺寸时，疏水表面上的液滴不能填满粗糙表面的凹槽，在液滴下部存在空气，导致液滴与固体表面的接触面积较小（Cassie and Baxter，1944），液滴与固体表面的作用力较低，因此叶片对水的持留能力较低。在实验中发现，将疏水性强的槐、银杏、月季花、白车轴草的叶片用镊子夹住浸入水中，叶片漂浮在水面上而不被润湿。向叶面喷水时，若液滴体积小于非光滑体的尺寸，小液滴就会进入非光滑体的凹槽，产生湿接触（任露泉等，2006），随着喷水过程的进行，小液滴逐渐聚集形成大的液滴，能够在叶面持留的液滴半径小于临界半径（Callies and Quéré，2005）。润湿的叶片表面相对光滑或具有亲水性的绒毛。叶片浸入水中时，水分子与固体表面的分子间发生相互作用在叶面形成水膜而处于平衡状态。叶片抽出水面时可能会由于容器内自由水的表面张力的作用与叶面上部分被吸持的水发生相互作用而脱离叶面，从而导致叶面持水量较低。一旦叶片抽出水面，叶片表面被吸持的水将在水的表面张力、固体表面自由能足以克服水的重力的情况下发生聚集作用而在表面形成斑块或液滴或保持水膜状。当向叶面喷水时，首先形成的是能够吸持在叶面的小液滴，叶面上有大量的凝聚中心，因此导致较浸水高的持水能力。

在倾斜叶面上液滴受水的表面张力、重力和叶片表面自由能共同作用，临界半径受叶面倾角、叶润湿性等因素的影响（Callies and Quéré，2005），不同叶面上的液滴形态、大小均有差异。Šikalo和Ganić（2006）对单个液滴与不同倾角、不同表面性质的表面间的相互作用进行了研究，发现液滴在不同表面上的存在状态不同，液滴与表面之间的相互作用与液滴特性（液滴直径、液滴能量等）及表面特性（干燥、湿润等）密切相关。因此，液滴在不同叶面上的形成是一个复杂的过程，有待于进一步深入研究。

6.3 叶片最大持水量与叶面接触角的关系

对浸水法而言，叶片润湿性对持水量的影响可以分为4类：①接触角$\theta<60°$，持水量较低，介于$20\sim40$ g/m²，主要包括桃叶片正面和栾树叶片背面；②接触角$60°<\theta<110°$，叶片持水量较大，但变化范围也较大，介于$20\sim80$ g/m²，主要包括女贞、小叶女贞、黄杨、大叶黄杨、毛梾等的叶片正面和背面；③接触角$110°<\theta<140°$，叶片的持水量低，一般在20 g/m²以下，主要有槐、银杏和日本小檗的叶片正面和背面及白车轴草叶片正面、月季花叶背面等；④接触角$110°<\theta<140°$，叶片表面着生细密绒毛，叶片具有高的持水量，达到了80 g/m²以上，如二球悬铃木叶片的正面和背面（图6-4A）。

对喷水法而言，叶片润湿性对持水量的影响亦可以分为4类，①接触角$\theta<60°$，持水

量较低，介于 50 ~ 60 g/m²，主要包括桃叶片正面和栾树叶片背面；②接触角 60°<θ<110°，叶片持水量较大，但变化范围也较大，介于 40 ~ 150 g/m²，主要包括女贞、小叶女贞、黄杨、大叶黄杨、毛梾等叶片正面和背面；③接触角 110°<θ<140°，叶片的持水量较低，介于 40 ~ 120 g/m²，主要有银杏叶片正面和背面、白车轴草叶片正面、月季花叶片背面、日本小檗叶片背面、槐叶片正面和背面等；④接触角 110°<θ<140°，叶片表面着生细密绒毛，叶片具有高的持水量，达到了 160 g/m² 以上，如二球悬铃木叶片的背面（图 6-4B）。

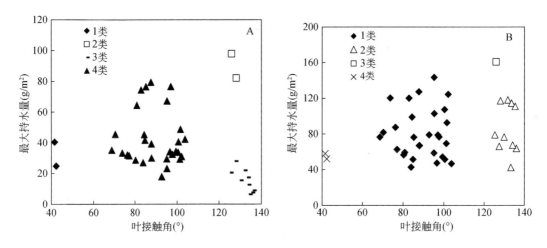

图 6-4　叶片最大持水量、接触角聚类分析
注：A 为浸水法；B 为喷水法

本研究中植物叶片的最大持水量与叶接触角呈极显著负相关关系（$p = 0.000$，图 6-5D、图 6-6D），说明叶接触角越大，叶面持水量越低。叶面润湿性对持水的影响可能是由于叶面润湿性的差异使叶面与液滴的接触面积不同，液滴与叶面间的物理作用力不同。叶面接触角较大时，由于叶片表面表皮细胞突起、角质层折叠、蜡质晶体的微观形态结构及蜡质晶体的疏水性质使得叶片与水的接触面积较小，从而导致水与叶片表面的亲和力较小。对于接触角较小的润湿叶片，液滴与叶面的接触面积较大，液滴与叶面的物理作用力较大。以体积为 6.0 mm³ 的液滴计，桃叶正面的接触角 $\theta = 42.3°$，液滴与叶面的接触面积为 17.8 mm²；榆叶梅叶正面、黄杨叶正面及月季花叶背面，接触角 θ 分别为 84.8°、85.2° 和 133.3°，叶面与液滴的接触面积分别为 8.3 mm²、8.0 mm²、2.3 mm²。桃叶正面和栾树叶片背面是具有小接触角的超级润湿叶片，液滴在叶面上铺展成薄的水膜，叶面的持水量较小。接触角 60°<θ<110° 时，水分在叶面上呈膜状或小液滴，叶面的持水量变化复杂。叶面的持水能力还受叶片质地、蜡质含量及其微观几何结构等的影响。大叶黄杨、女贞、紫丁香等物种具有较厚角质层且蜡质含量较高（蜡质含量分别为 0.73 g/m²、0.90 g/m²、0.89 g/m²），较蜡质含量低的小叶女贞、榆叶梅（蜡质含量分别为 0.16 g/m²、0.30 g/m²）等的持水量低。Bassette 和 Bussière（2008）发现质地坚硬的香蕉老叶持水量高于表面具有较多蜡质的幼叶。随着叶龄的增长，叶片表面蜡质层厚度减小。叶片表面蜡质层厚度减小时，水与叶面之间的粘性剪切力增大，从而使得液滴更易在叶片表面铺展。

槐、二球悬铃木和榆叶梅叶面均着生绒毛，却表现出不同的持水能力，这与叶面绒毛的分布密度、形态、质地和类型等有关。榆叶梅叶正面零星分布有针状长绒毛，这些绒毛刺破水滴表面使水分子易于浸入毛刺基底部位，起到了引流作用，加快了水滴的铺展，因此，将叶片浸入水中时，水滴在叶面呈水膜状态。槐和二球悬铃木叶正面和背面均表现出高的疏水性，却表现出不同的持水能力，这与叶面绒毛脱落的难易程度及叶面绒毛上是否有蜡质而导致叶面表现出不同的润湿性变化特征有关。对多种疏水植物叶面微结构的研究发现，绒毛表面是否有蜡质是影响叶面润湿性的重要因素。绒毛上无蜡质的物种其疏水性仅维持极短的时间，数分钟后水滴将刺穿绒毛而导致润湿性的变化；对于绒毛上有蜡质的物种而言，其疏水性能维持较长时间（Neinhuis 和 Barthlott，1997）。二球悬铃木叶面上的绒毛在外力作用下极易从表面脱落，当叶片浸入水中时，二球悬铃木叶面上的绒毛会脱落一部分，从而导致润湿性的变化（石辉和李俊义，2009；王会霞等，2010a）。

6.4 植物叶片能量特征与最大持水量

6.4.1 植物叶片表面能量特征

采用 Owens–Wendt–Kaelble 法（Owens and Wendt，1969）计算叶片的表面自由能及其极性和色散分量。供试植物叶片表面自由能在 5.22～58.24 mJ/m² （图 6-5A、图 6-6A），均为低表面能固体表面。色散分量的变化范围为 5.10～49.30 mJ/m²，对表面自由能的贡献为 39.16%～100.00%，但大部分物种叶片色散分量对表面自由能的贡献在 90% 以上（图 6-5B、图 6-6B）。极性分量的变化范围为 0.00～36.01 mJ/m²，对表面自由能的贡献为 0.00%～64.88%，对表面自由能的贡献一般在 10% 以下，仅个别物种超过 20%，如毛梾叶正面、桃叶正面、栾树叶背面等，其中桃叶正面和栾树叶背面极性分量对表面自由能的贡献高达 64.88% 和 64.45%（图 6-5C、图 6-6C）。

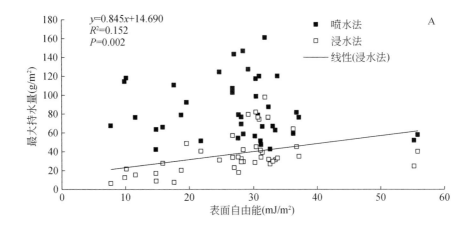

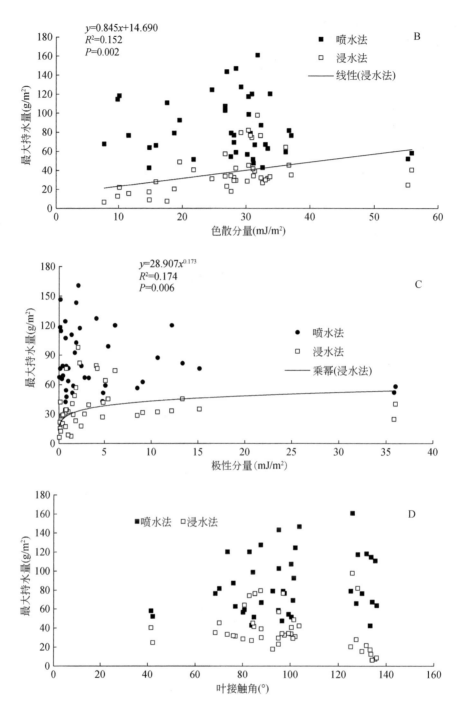

图 6-5　植物叶片最大持水量与表面自由能（A）、色散分量（B）、
极性分量（C）和叶接触角（D）的关系

对所研究的物种而言，极性分量对表面自由能的贡献较小，说明在叶片表面存在较弱的偶极—偶极作用、偶极—诱导偶极作用和氢键作用，表面自由能主要来自于叶片表面物质分子之间的范德瓦耳斯力。在固体内部，形成点阵的每个粒子受到周围粒子的作用力而

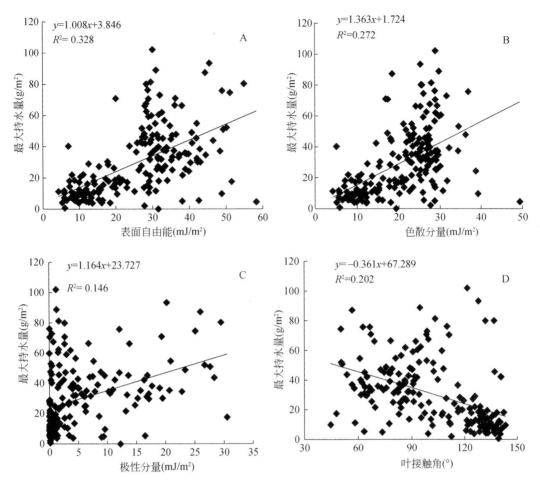

图 6-6　供试植物叶片的最大持水量（浸水法）与表面自由能（A）、
色散分量（B）、极性分量（C）和接触角（D）的相关关系

相互抵消，而位于固体表面层的粒子，仅受到固体表面层内部粒子的吸引作用，固体外部又几乎没有粒子，因而表面层中分子的合力不为零，合力方向垂直于固体表面指向固体内部，于是在固体表面层附近形成一个表面势场。不同类型的物质，其表面力场的性质及不对称性不同（顾惕人等，1994）。对植物叶片而言，表面自由能与叶片表面的化学组成等有关。大多数植物的叶片都具有角质层，角质和蜡质混合通过一层果胶固定在表皮细胞上。其中角质的化学成分是含 16～18 个碳的羟基脂肪酸，而蜡质的主要成分为脂肪族化合物、环状化合物、甾醇类化合物，其中脂肪族化合物是植物叶片表皮最常见的组分，包括长链脂肪酸、醛、伯醇和仲醇，这些物质多数表现为非极性或弱极性，分子间的范德瓦耳斯力普遍存在（Müller and Riederer，2005）。Shen 等（2004）的研究表明柿子叶的表面自由能为 68.52 mJ/m²，其中色散分量和极性分量分别为 57.40 mJ/m² 和 11.12 mJ/m²，色散分量对表面自由能的贡献达到了 83.8%。对柿子叶片的红外光谱和拉曼光谱分析表明，叶片表面含有大量的纤维素、木质素和脂肪酸等弱极性物质。

6.4.2　叶片最大持水量与表面自由能及其极性和色散分量的关系

对浸水法而言，叶片的最大持水量与表面自由能（$r=0.573$，$p=0.000$）、色散分量（$r=0.522$，$p=0.000$）呈极显著正相关（图6-5A、图6-5B、图6-6A、图6-6B），与极性分量在数据量较少时有幂函数的关系（$p=0.006$，图6-5C）或数据量多时呈极显著正相关关系（$r=0.382$，$p=0.000$，图6-6C），说明随着色散分量及表面自由能的增大，叶面持水能力增加。但对极性分量而言，随着极性分量增大，叶片持水量迅速增大，极性分量达到一定水平时，叶片持水量增大的趋势放缓。这些结果说明，叶表面自由能、色散分量及极性分量是影响叶面持水的重要因素。

喷水法测定的叶片最大持水量与表面自由能、极性分量、色散分量的相关关系均不显著（$p>0.05$，图6-5）。

固液界面发生吸附现象的根本原因是固液界面能有自动减小的本能。当纯液体与固体表面接触时，由于固体表面分子（或原子、离子）对液体分子的作用力大于液体分子间的作用力，液体分子将向固液界面密集，同时降低固液界面能。当叶片浸入水中时，水分子运动到足够靠近固体表面时，在分子间范德瓦耳斯力的作用下被吸附在叶片表面，因此这种吸附作用与色散力的作用密切相关。表面自由能的色散分量越大对水的吸附作用越强，反之则越弱。因此植物叶片表面的最大持水量与表面自由能的色散分量呈正相关。水是强极性物质，与叶片表面还存在偶极作用、诱导偶极作用和氢键作用。在一定的作用范围内，极性分量越大能与更多的水分子相互作用，此时对水的吸持量显著增大。叶片表面被水所覆盖后，叶片表面自由能的极性分量即使再加大也不可能超出极性力的作用范围，从而导致对水的吸持能力不能无限度地增加。叶片极性分量对表面自由能的贡献较小，可能导致极性分量对叶片持水能力的影响相对较小。但当叶片表面含有的 -OH、-COOH、-CHO 等极性官能团（Wagner et al., 2003）与水分子中的游离 -OH 或缔合 -OH 发生氢键作用时，由于氢键的作用较强，极性分量对叶片持水能力的影响也是不可忽略的。

当向叶面喷水时，叶面有大量的凝聚中心——小液滴，其作用不仅仅是叶面的润湿性、表面能量特征作用的结果，因此对于喷水法而言，测定的叶片最大持水量与表面自由能、极性分量、色散分量、叶接触角的相关关系均不显著。但由于叶片表面结构、化学组成的复杂性，与表面化学组成单一的其他表面相比其物理化学性质也可能存在不同，因此对植物叶片与水之间的相互作用有必要进一步深入研究。

植物叶面对城市空气环境的指示

随着经济发展和城市化步伐加快，由工业、交通、民用燃煤等排放的废气大量增加，造成城市空气质量的下降，因而城市的空气质量受到广泛的关注，成为城市环境的晴雨表。植物在改善城市空气质量的同时，各种高浓度的颗粒污染物、烟尘、二氧化硫，以及因机动车辆行驶引起的局部气候干旱、风速过大及汽车尾气中多种污染物又影响植被的正常发育（Gratani et al., 2000；杨浩等，2019）。叶片作为植物的重要营养器官，其可塑性很大。在交通干道周围的植物，由于遭受汽车尾气的影响，出现物候延迟、叶面蜡质特征发生变化的特点（Honour et al., 2009）。研究表明，生长在污染区的大多数植物的叶绿素荧光（Dai et al., 2017）、叶绿素含量（王会霞等，2011；朱济友等，2019）、比叶面积（王会霞等，2011；朱济友等，2019）、气孔密度（Hu et al., 2019）、光合气体交换速率、气孔导度和蒸腾速率（Pandey et al., 2018）均出现不同程度的变化，变化的幅度因植物种类不同而存在较大差异（王会霞等，2011）。植物的一些生理生态及解剖特征对环境形成一种响应和适应，因此，这些特征可以作为环境质量的指示指标（Khavaninzadeh et al., 2014）。

7.1 植物叶解剖结构特征对城市空气环境的响应

植物在生长发育过程中为适应环境的变化，其形态结构会发生相应的适应性改变。叶片作为植物的重要营养器官，其可塑性很大。Ferdinand 等（2000）曾比较了不同黑樱桃（*Cerasus maximowiczii* Rupr.）品种叶片解剖结构对臭氧污染的响应，结果显示，在高浓度臭氧胁迫下叶片栅栏组织变薄，海绵组织变厚，且栅栏组织与海绵组织的比值变小，但由于不同黑樱桃对臭氧的敏感程度不同，不敏感的品种叶厚度大于敏感品种。但 Evans 等（1996）研究了臭氧对双子叶草本植物叶片解剖结构的影响，他们发现对臭氧敏感和不敏感的物种在叶表皮厚度、叶肉厚度、栅栏组织、海绵组织厚度均没有显著的差异。Qin 等（2014）在室内模拟汽车尾气对植物进行熏蒸，发现在低浓度尾气处理下表皮、栅栏组织和海绵组织厚度都没有明显变化；但是在高浓度尾气处理下，角质层、表皮及栅栏组织厚度都显著增加，但海绵组织厚度显著降低（Qin et al., 2014）。Rashidi 等（2012）研究了 SO_2、NO_2 污染下刺槐叶片解剖结构的变化发现，污染会导致叶片海绵组织和上角质层变厚，栅栏组织厚度与海绵组织之比明显上升。Mitrović 等（2006）对比了污染和非污染区域槭属（*Acer* Linn.）植物叶片的解剖特征，发现污染区叶片栅栏组织厚度、上下表皮厚度和叶片厚度普遍大于对照区域。可见，植物叶片各解剖结构在空气污染胁迫下都会发生一定程度的变化。对于城市环境而言，植物叶片解剖结构的差异不仅仅是单一的某种污染物所导致的结果，有可能是各种物质的协同作用。

7.1.1 叶片的解剖与观察

本研究课题组在西安市的高压开关厂、兴庆小区、纺织城、小寨、市人民体育场、高新西区、经开区、曲江文化集团、广运潭设9个采样点（图7-1），采集各样点均存在的女贞、小叶女贞、大叶黄杨和紫叶李植物叶样品。采样于2014年6月底选取生长发育程度相近的植株进行，乔木采样高度为1.5~2 m，灌木采样高度为0.5~1 m，选取成熟无病虫害的叶片3~5片。对于女贞和小叶女贞，在2014年4月持续至2014年11月，每月月末采样一次，用于研究叶解剖结构的季节变化。

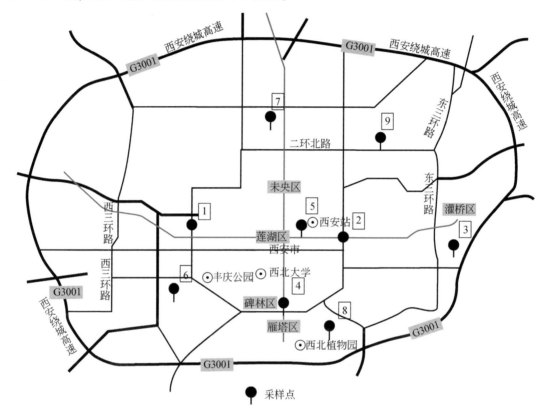

图7-1　采样点分布

注：采样点1. 高压开关厂；2. 兴庆小区；3. 纺织城；4. 小寨；5. 市人民体育场；6. 高新西区；
7. 经开区；8. 曲江文化集团；9. 广运潭

将采集回来的新鲜叶片清洗干净切成约10 mm×10 mm的小片快速放入FAA固定液（70%酒精：福尔马林：乙酸=90：5：5）中固定24 h以上。采用冷冻切片法进行切片，切片前要把实验材料从固定液中取出并用蒸馏水洗掉固定液，修剪成合适大小放入包埋剂（樱花OCT冷冻包埋剂）与水1:1的溶液中浸泡1~2 h。将浸泡好的实验材料用OCT包埋剂进行包埋，包埋后放冰冻切片机（Leica CM1950）内冰约10 min，待包埋的胶水冻好成乳白色，调整切片机切片厚度为10~15 μm进行切片。切好的材料，直接用载玻片靠近贴片，滴加20%甘油制成临时装片。

用 OLYMPUS CX31 光学显微镜进行观测并得到显微图像。用 Image J（1.48v）图形分析软件测量叶片总厚度（total leaf thickness，TLT）、上角质层厚度（thickness of upper cuticle，TUC）、下角质层厚度（thickness of lower cuticle，TLC）、上表皮厚度（thickness of upper cuticle，TUE）、下表皮厚度（thickness of lower cuticle，TLE）、栅栏组织厚度（thickness of palisade tissue，TPT）及海绵组织厚度（thickness of sponge tissue，TST）。

利用已测得的角质层厚度、表皮厚度、栅栏组织和海绵组织厚度以及叶片总厚度计算栅海比（the ratio thickness of palisade tissue to the thickness of sponge tissue，TPT/TST）、叶组织结构紧密度（cell tense ratio，CTR，%）和叶组织结构疏松度（spongy ratio，SR，%），计算式分别为式（7-1）、式（7-2）和式（7-3）；利用变异系数和可塑性指数评价不同植物叶片解剖结构适应环境能力的大小。变异系数和可塑性指数的计算式分别为式（7-4）和式（7-5）。

$$TPT/TST = 栅栏组织厚度/海绵组织厚度 \qquad (7\text{-}1)$$

式中，TPT/TST 为栅海比，无量纲。

$$CTR = TPT/TLT \times 100\% \qquad (7\text{-}2)$$

式中，CTR 为叶片组织结构紧密程度，常用百分数表示；TPT 为栅栏组织厚度（μm），TLT 为叶片总厚度（μm）。

$$SR = TST/TLT \times 100\% \qquad (7\text{-}3)$$

式中，SR 为叶片组织结构疏松程度，常用百分数表示；TST 为海绵组织厚度（μm）；TLT 为叶片总厚度（μm）。

$$C_v = \frac{\sigma}{\mu} \qquad (7\text{-}4)$$

式中，C_v 为变异系数，σ 为标准差，μ 为算术平均值。

$$PI = \frac{X_{max} - X_{min}}{X_{max}} \qquad (7\text{-}5)$$

式中，PI 为可塑性指数，X_{max} 为 X 的最大值，X_{min} 为 X 的最小值。

四种植物的典型叶解剖结构如图 7-2 所示。

7.1.2 叶片的解剖特征

四种绿化植物叶片厚度不同，大叶黄杨和女贞较厚，分别为 608.0 μm 和 661.6 μm；小叶女贞和紫叶李较薄，分别为 335.1 μm 和 220.1 μm。四种绿化植物叶片都具有上下角质层、上下表皮，叶肉细胞明显分化出栅栏组织和海绵组织。大叶黄杨上下表皮均由一层排列紧密的长方形细胞组成，但上表皮细胞壁较下表皮细胞略大；栅栏组织由 2～3 层柱状细胞组成，细胞间隙较小，其平均厚度为 121.4 μm；海绵组织细胞呈圆形或椭圆形，不规则排列且细胞间隙极大，其平均厚度为 390.0 μm，栅栏组织与海绵组织厚度之比为 0.31。女贞叶片正面和背面均有较厚的角质层，上下表皮为长条形，且上表皮细胞明显厚于下表皮细胞。女贞栅栏组织发达，由 1～2 层长柱状细胞组成，排列紧密，平均厚度达到 299.2 μm，占总叶片厚度（叶片组织结构紧密度 CTR）的 44.3%；海绵组织细胞为不规则形，排列疏松，细胞间隙大，厚度为 260.0 μm，约占总厚度（叶片组织结构疏松度

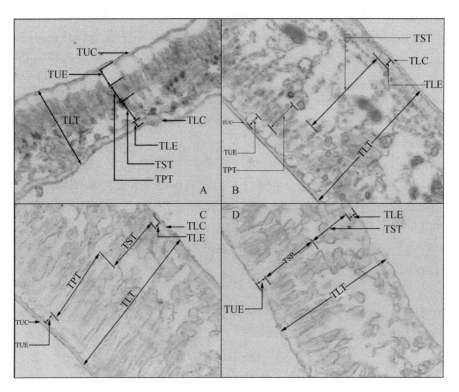

图 7-2　四种绿化植物叶片解剖结构

注：A 为紫叶李；B 为大叶黄杨；C 为女贞；D 为小叶女贞

SR）的 40%。小叶女贞上下角质层都很薄，上表皮细胞较大，形状不规则，下表皮细胞较小但排列更紧密；栅栏组织细胞一般为 1~2 层，有时出现第 3 层，细胞长条状，排列较紧密，厚度为 125.3 μm，占叶片总厚度的 34.3%；海绵组织细胞同样为不规则形，细胞间隙发达，厚度为 165.1 μm，SR 为 47%。紫叶李叶片呈紫红色，叶片较薄，具有发达的上表皮和上角质层，上表皮厚度可达 26.7 μm，而下表皮仅为 13.44 μm；栅栏组织细胞排列极为紧密，厚度为 71.4 μm，CTR 为 32.4%；海绵组织细胞排列较疏松，但细胞间隙较其他几种叶片小，其厚度为 83.7 μm，SR 为 38%。

　　四种植物叶片解剖结构在采样点间的差异性有所不同。其中大叶黄杨下表皮和下角质层在各点均无显著差异外，其余结构均达到了显著差异（ANOVA，$p<0.05$，表 7-1）；女贞上表皮厚度在采样点间差异均不显著；小叶女贞下角质层差异不显著；紫叶李的栅栏组织、下表皮厚度、叶片厚度在各点差异显著。四种植物叶片的栅栏组织、叶片厚度和叶片组织结构紧密度三种指标在采样点间差异显著。

　　在 9 个采样点中，高压开关厂附近多高污染性企业及较大的车流量使其空气污染比较严重，而广运潭位于市郊，空气较为清洁。对比两地植物叶片的解剖结构：①栅栏组织表现出明显差异性，污染区厚度与清洁区厚度相比变薄；而女贞恰恰相反，栅栏组织厚度在污染区明显大于清洁区。②女贞海绵组织厚度在污染区厚度明显小于清洁区，紫叶李海绵组织厚度也具有同样的趋势。③紫叶李上角质层厚度在污染区大于清洁区，其他物种无明显差异。④女贞、小叶女贞和紫叶李的下角质层厚度在污染区明显大于清洁区。

表7-1 叶片解剖结构各采样点间的比较

植物	采样点	上角质层厚度 (μm)	上表皮厚度 (μm)	栅栏组织厚度 (μm)	海绵组织厚度 (μm)	下表皮厚度 (μm)	下角质层厚度 (μm)	叶片总厚度 (μm)	栅海比	叶组织结构紧密度 (%)	叶组织结构疏松度 (%)
大叶黄杨	高压开关厂	4.0±0.6	33.5±1.6	98.6±17.3	335.3±8.9	20.4±3.4	4.3±1.7	525.8±33.4	0.30	19	64
	兴庆小区	5.0±1.0	34.4±9.6	120.9±19.6	364.2±33.0	26.3±3.2	3.4±0.7	583.4±51.7	0.33	21	62
	纺织城	6.3±0.3	36.2±2.0	124.8±9.4	393.7±13.0	22.7±5.8	3.7±0.2	618.9±14.2	0.32	20	64
	小寨	6.6±0.9	22.9±0.5	121.07±9.7	310.9±13.9	20.9±1.8	4.5±0.4	523.5±14.7	0.39	23	59
	市人民体育场	5.9±0.4	30.2±1.3	112.9±8.2	368.4±10.1	18.6±3.3	4.1±0.6	575.6±4.4	0.31	20	64
	高新西区	4.2±0.5	41.4±3.9	117.6±3.1	475.1±8.0	23.3±6.0	4.3±0.4	693.4±7.3	0.25	17	69
	经开区	3.4±0.7	43.1±2.6	101.5±3.1	413.3±17.1	23.4±5.0	3.3±0.3	619.4±15.3	0.25	16	67
	曲江文化集团	5.6±0.5	27.6±1.9	165.7±12.2	495.0±38.4	19.0±2.1	3.6±0.7	752.5±50.1	0.33	22	66
	广运潭	5.1±0.9	28.9±2.9	129.7±14.2	353.9±2.9	20.5±2.9	4.9±0.2	571.0±9.4	0.37	23	62
女贞	高压开关厂	6.3±0.9	33.2±2.5	455.9±62.5	243.8±38.3	20.2±4.2	5.7±0.5	807.7±23.9	1.87	56	30
	兴庆小区	5.1±0.8	30.7±4.4	316.0±16.3	333.5±7.6	23.6±1.6	6.3±0.3	752.8±27.4	0.95	42	44
	纺织城	5.5±1.3	32.1±0.7	306.6±32.8	266.4±9.2	20.2±2.3	4.5±0.7	671.5±35.9	1.15	46	40
	小寨	6.4±0.5	32.1±2.3	314.1±17.4	233.2±17.6	17.4±2.2	5.2±1.0	646.1±42.5	1.35	49	36
	市人民体育场	4.2±0.5	26.8±3.6	157.7±13.4	231.7±8.4	16.8±2.2	4.0±0.4	476.4±21.9	0.68	33	49
	高新西区	5.5±0.5	32.3±1.3	224.9±58.5	295.4±18.6	23.8±3.0	5.3±1.4	626.2±72.1	0.76	36	47
	经开区	5.6±1.3	33.6±5.5	198.6±11.1	221.5±24.3	26.9±8.4	4.1±0.2	524.0±31.1	0.90	38	42
	曲江文化集团	6.9±0.4	30.6±0.4	347.9±11.1	220.2±26.4	17.1±1.4	6.5±0.6	681.5±49.8	1.58	51	32
	广运潭	6.2±1.1	28.3±2.4	371.1±21.4	294.1±10.0	19.8±1.3	4.1±0.3	767.9±32.7	1.26	48	38

续表

植物	采样点	上角质层厚度（μm）	上表皮厚度（μm）	栅栏组织厚度（μm）	海绵组织厚度（μm）	下表皮厚度（μm）	下角质层厚度（μm）	叶片总厚度（μm）	栅海比	叶组织结构紧密度（%）	叶组织结构疏松度（%）
小叶女贞	高压开关厂	2.8±1.2	19.4±6.6	164.2±7.1	180.5±10.4	14.6±6.5	2.7±0.6	410.6±13.5	0.91	40	44
	兴庆小区	2.0±0.5	17.7±2.2	97.3±2.0	181.8±17.6	15.0±0.4	2.0±0.3	341.4±13.9	0.54	29	53
	纺织城	2.6±0.4	15.7±1.2	84.0±8.7	126.3±31.7	15.7±2.7	2.5±0.4	270.5±45.2	0.66	31	47
	小寨	1.8±0.4	18.9±2.8	143.0±7.2	206.2±15.0	16.3±0.4	1.7±0.3	406.9±23.7	0.69	35	51
	市人民体育场	1.9±0.1	18.3±3.4	94.7±11.6	172.8±9.2	15.1±1.1	1.9±0.1	324.9±7.4	0.55	29	53
	高新西区	2.2±0.4	17.0±1.9	67.1±2.9	136.7±15.8	15.1±1.4	1.7±0.4	266.0±20.4	0.49	25	51
	经开区	2.1±0.4	19.1±1.0	97.4±5.0	154.7±2.9	15.5±1.2	1.5±0.1	310.4±6.3	0.63	31	50
	曲江文化集团	2.2±0.2	30.2±2.8	196.1±33.5	157.1±32.5	24.3±4.0	2.1±0.4	439.5±19.0	1.31	45	36
	广运潭	2.4±0.3	17.5±1.2	184.3±32.8	169.6±34.9	17.0±0.5	1.9±0.3	425.4±11.1	1.14	43	40
紫叶李	高压开关厂	4.1±0.8	23.3±4.7	62.3±7.5	54.5±5.7	13.5±0.3	2.6±0.6	181.9±1.2	1.14	34	30
	兴庆小区	3.0±0.1	27.9±1.8	51.4±6.3	73.2±7.9	19.0±1.6	1.7±0.2	192.5±9.8	0.70	27	38
	纺织城	2.7±0.6	28.8±5.1	52.4±1.5	66.9±3.4	10.2±0.9	1.8±0.4	180.7±7.7	0.78	29	37
	小寨	3.2±0.3	26.1±1.2	64.7±10.3	84.3±18.5	10.6±1.7	2.1±0.2	208.5±26.6	0.77	31	40
	市人民体育场	3.3±0.5	31.1±8.8	104.9±6.5	86.5±16.0	15.5±4.2	2.2±0.4	265.2±21.3	1.25	40	33
	高新西区	3.0±0.1	36.7±9.0	74.7±6.9	79.0±10.6	10.5±1.4	1.7±0.4	222.4±15.5	0.96	34	35
	经开区	3.1±0.4	26.2±3.6	95.7±3.5	81.5±8.7	12.5±1.3	1.9±0.1	234.9±10.6	1.17	41	35
	曲江文化集团	2.9±0.7	31.7±9.2	75.1±7.4	73.1±25.2	8.9±0.4	1.8±0.3	212.7±16.4	1.14	35	34
	广运潭	2.4±0.5	25.3±4.6	69.7±7.6	80.9±4.9	12.6±0.2	1.7±0.1	219.1±9.1	0.86	32	37

7.1.3 叶片解剖结构间的相关性

叶片的厚度主要受栅栏组织和海绵组织厚度的影响，大叶黄杨和紫叶李的叶厚度与海绵组织厚度的相关系数分别为0.984、0.841，达极显著相关（$p<0.01$）；女贞和小叶女贞的叶厚度与栅栏组织厚度的密切相关（$p<0.01$），相关系数分别为0.932、0.962。叶片上角质层厚度对上角质层、栅栏组织及海绵组织厚度有一定的影响，大叶黄杨上角质层与其上表皮显著相关（$p<0.05$），相关系数为-0.731。女贞上角质层与栅栏组织显著相关（$r=0.692$，$p<0.05$）。紫叶李上角质层与海绵组织呈显著负相关（$r=-0.730$，$p<0.05$）。

叶片的紧密程度与疏松程度和栅海比具有紧密的关系，四种植物的栅海比都与叶片组织结构紧密度呈现出极显著的正相关性，相关系数分别为0.969、0.975、0.952、0.975；而与叶片组织结构疏松度成极显著负相关，相关系数分别为-0.957、-0.885、-0.982、-0.969、-0.878。可见叶片解剖结构特征间具有一定的协同变化（Ferdinand et al.，2000；刘梦颖和刘光立，2018）。

7.1.4 叶片解剖结构的变异系数和可塑性指标

叶片作为营养器官其组织结构具有极强的变异性和可塑性，可利用变异系数和可塑性指标对植物适应环境的能力做出评价。高的可塑性可拓展外来种的生态幅，使其具有更多潜在可利用资源（解卫海等，2015）。变异性和可塑性越强，其适应环境的能力越强（白潇等，2013）。从表7-2中的叶解剖特征的变异系数来看，四种植物变异系数均小于40%，是一种弱变异的情况，说明在不同的城市环境下叶的变异不大。

由于植物种类的不同，叶的解剖特征的适应变异也不相同，大叶黄杨叶上角质层厚度变异最大，为21.7%，而表征叶组织疏松程度的海绵组织与叶厚度的比值变异最小，为4.2%；女贞则为栅栏组织与海绵组织厚度的比值变化最大，为33.6%，上表皮层厚度变异最小，为7.3%；小叶女贞则是栅栏组织厚度变异最大，为37.8%，叶组织疏松程度变异最小，为13.1%；紫叶李则为海绵组织厚度的变异最大，为33.0%，上表皮厚度变异最小，为13.7%。同样叶的可塑性指标也表现出相似的变化特点。总体来看，栅栏组织、栅栏组织与海绵组织厚度的比值变异系数和可塑性指标均较高，说明栅栏组织和海绵组织更易对环境变化做出改变。从表7-2中可看出，四种植物的变异系数和可塑性指标均值大小都为紫叶李>小叶女贞>女贞>大叶黄杨。表明它们对环境变化的敏感性大小为紫叶李>小叶女贞>女贞>大叶黄杨。

7

植物叶面对城市空气环境的指示

表7-2 变异系数与可塑性指标

叶片解剖结构	变异系数（%）					可塑性指标（PI）				
	大叶黄杨	女贞	小叶女贞	紫叶李	平均	大叶黄杨	女贞	小叶女贞	紫叶李	平均
上角质层厚度	21.7	14.2	15.9	20.1	18.1	0.954	0.650	0.601	1.139	0.836
上表皮厚度	19.7	7.3	22.0	13.7	15.7	0.878	0.253	0.927	0.573	0.658

叶片解剖结构	变异系数（%）					可塑性指标（PI）				
	大叶黄杨	女贞	小叶女贞	紫叶李	平均	大叶黄杨	女贞	小叶女贞	紫叶李	平均
栅栏组织厚度	16.1	30.9	37.8	25.4	27.6	0.680	1.891	1.923	1.043	1.380
海绵组织厚度	15.8	15.3	14.8	33.0	19.7	0.592	0.514	0.632	1.795	0.883
下表皮厚度	11.3	16.8	18.2	26.1	18.1	0.413	0.596	0.665	1.130	0.701
下角质层厚度	13.4	18.9	19.3	20.0	17.9	0.496	0.626	0.822	0.655	0.650
叶片总厚度	12.4	16.6	18.9	16.5	16.1	0.437	0.695	0.652	0.579	0.591
栅海比	15.3	33.6	35.1	28.7	28.2	0.585	1.748	1.545	1.777	1.410
叶组织结构紧密度	11.9	17.3	20.1	17.6	16.8	0.411	0.705	0.769	0.747	0.658
叶组织结构疏松度	4.2	15.9	13.1	17.9	12.8	0.154	0.611	0.490	0.781	0.509
平均	14.2	18.7	21.5	21.9	—	0.560	0.829	0.903	1.022	—

7.1.5 叶片解剖结构的季节变化

将4~10月份所测得的女贞叶片解剖结构参数求平均值，得到女贞叶片各解剖结构的参数均值。女贞叶片正面和背面均有较厚的角质层，上角质层厚度约为6.1 μm，下表皮5.1 μm。上表皮为不规则形，下表皮为长方形，且上表皮细胞明显厚于下表皮细胞。由图7-3可知，女贞栅栏组织发达，由1~2层长柱状细胞组成，第一层比第二层厚且排列更紧密规则，平均厚度达到244.6 μm，占总叶片厚度（叶片组织结构紧密度 CTR）的43%。海绵组织细胞为不规则形，排列疏松，细胞间隙大，厚度为206.2 μm，约占总厚度（叶片组织结构疏松度 SR）的38%。

由图7-3和图7-4可见女贞叶片厚度在4~6月逐渐变厚，但之后呈波浪变化，4月最小，为428.1 μm。角质层厚度变化先降低后升高，4月厚度约为7.5 μm，6月至最小值，为4.7 μm，10月达到最大值，为8.4 μm；表皮细胞厚度总体呈下降趋势，4月厚度最大，上、下表皮分别为34.5 μm和24.5 μm；栅栏组织厚度总体呈上升趋势，但中间略有起伏，分别在7月和9月出现一定程度的降低，厚度最小值出现在4月，为135.0 μm，最大值出现在10月，为356.3 μm。海绵组织厚度5月略下降，6月达到最大，为260.0 μm，6~8月变化不大，然后开始降低，9月最小，为134.9 μm。栅海比在几个月份中除7月有降低外，总体呈上升趋势，从4月的0.69上升到10月的1.97。叶组织结构紧密度与叶组织结构疏松度具有相反的变化趋势，前者逐渐升高，后者逐渐降低，但变化都不明显。

将4~10月份所测得的小叶女贞叶片解剖结构参数求平均值，得到小叶女贞叶片各解剖结构的参数均值。由图7-5可知，小叶女贞上、下角质层都较薄，上角质层约为2.8 μm，下角质层约为2.4 μm。上表皮细胞较大形状不规则，下表皮细胞较小但排列更紧密。栅栏组织细胞一般为2层，有时出现第3层，细胞长条状，排列较紧密，厚度为134.1 μm，占叶片总厚度的38%。海绵组织细胞同样为不规则形，细胞间隙发达，厚度为142.8 μm，占叶片厚度的42%。

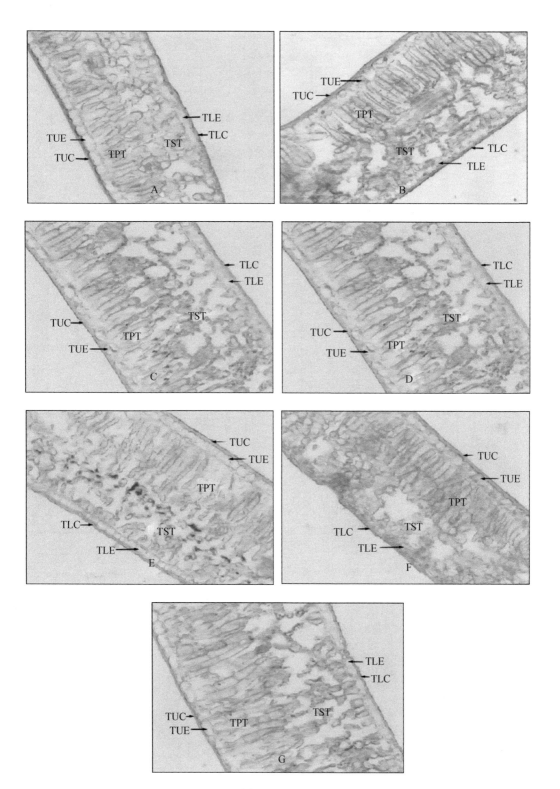

图 7-3　不同月份女贞叶片解剖结构

注：TUC 为上角质层厚度；TUE 为上表皮厚度；TPT 为栅栏组织厚度；TST 为海绵组织厚度；TLE 为下表皮厚度；

TLC 为下角质层厚度；A 为 4 月；B 为 5 月；C 为 6 月；D 为 7 月；E 为 8 月；F 为 9 月；G 为 10 月

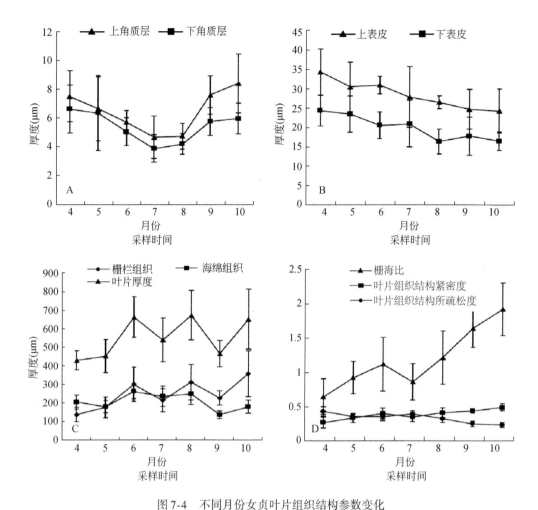

图 7-4　不同月份女贞叶片组织结构参数变化

注：A. 上下角质层；B. 上下表皮；C. 栅栏组织、海绵组织和叶片厚度；D. 叶组织结构紧密度、叶组织结构疏松度及栅栏组织和海绵组织的比值

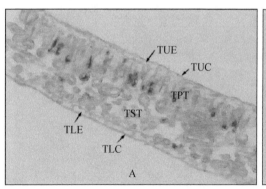
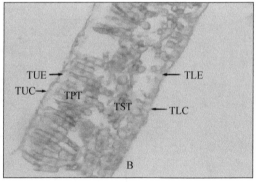

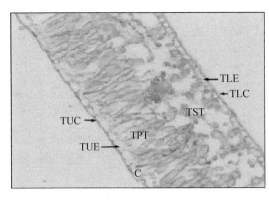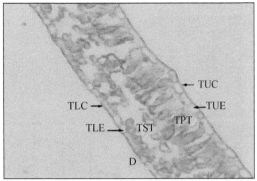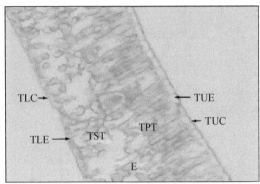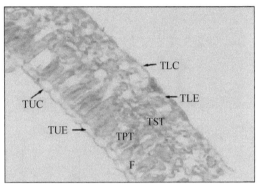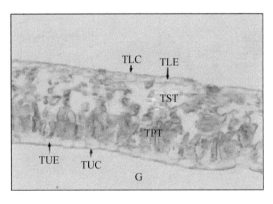

图 7-5　不同月份小叶女贞叶片解剖结构

注：TUC 为上角质层厚度；TUE 为上表皮厚度；TPT 为栅栏组织厚度；TST 为海绵组织厚度；TLE 为下表皮厚度；
TLC 为下角质层厚度；A 为 4 月；B 为 5 月；C 为 6 月；D 为 7 月；E 为 8 月；F 为 9 月；G 为 10 月

由图 7-6 可以看出小叶女贞叶片厚度总体上升，但 9 月份有明显降低，最小为 4 月的
295.1 μm，最大为 10 月的 406.7 μm；上、下角质层厚度 4～6 月急剧下降，4 月最高分别
为 4.0 μm 和 3.7 μm，至 6 月降至最低分别为 2.0 μm 和 1.8 μm，后又开始缓慢地上升；
表皮细胞厚度在 4～7 月份变化不明显，但 8 月份出现明显下降，9 月和 10 月份又无明显
变化，最薄出现在 8～9 月 17.4 μm（上表皮）和 13.1 μm（下表皮），最厚出现在 7 月份
20.8 μm（上表皮）和 18.4 μm（下表皮）；栅栏组织厚度逐渐变厚，4 月厚度最小，为
94.3 μm，10 月最大，为 195.5 μm；海绵组织厚度同样表现出与叶片总厚度相似的规律，

但最小出现在 9 月，为 92.6 μm，最大出现在 5 月，为 165.1 μm；由于叶组织结构紧密度与叶片组织结构疏松度在 9~10 月出现反向变化，因此栅海比在 9~10 月也出现较大的增高。

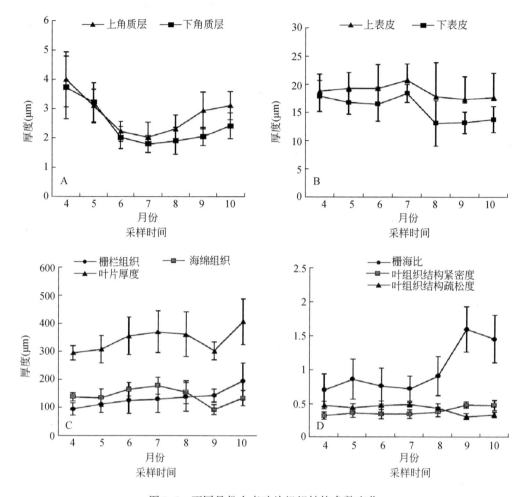

图 7-6　不同月份女贞叶片组织结构参数变化

注：A. 上下角质层；B. 上下表皮；C. 栅栏组织、海绵组织和叶片厚度；D. 叶组织结构紧密度、叶组织结构疏松度及栅栏组织和海绵组织的比值

7.1.6　叶片解剖结构对城市大气环境的响应

将各采样点空气污染物浓度与 9 个采样点的植物叶片解剖结构进行相关性分析发现（表 7-3）：大叶黄杨上下角质层厚度与 CO 呈显著相关，相关系数都为 0.870，与 O_3 呈显著负相关，相关系数分别为 -0.872 和 -0.763；海绵组织厚度与 O_3 浓度呈显著正相关，相关系数为 0.810。女贞上下角质层厚度与 CO 呈显著正相关和极显著正相关，相关系数分别为 0.800 和 0.924；与 O_3 浓度成极显著负相关，相关系数为 -0.952 和 -0.892；海绵组织与 O_3 呈显著正相关相关系数为 0.778。小叶女贞角质层厚度与 PM_{10} 呈显著正相关，相关系数分别为 0.774 和 0.865；上角质层与 CO 浓度成极显著正相关，相关系数 0.886；下角

质层与 CO 呈显著正相关，相关系数 0.836；上角质层厚度与 O_3 浓度呈显著负相关，相关系数-0.851；海绵组织厚度与 O_3 呈显著正相关，相关系数为 0.810。紫叶李上下角质层厚度与 CO 浓度分别呈显著和极显著正相关，相关系数分别为 0.880 和 0.893；下角质层厚度与 PM_{10} 呈显著正相关，相关系数 0.820，上角质层厚度与 O_3 浓度成极显著负相关，相关系数-0.913；上表皮厚度与 NO_2 浓度呈显著负相关，相关系数-0.826。

表 7-3　空气污染浓度与叶片解剖结构的相关性

植物	叶片解剖结构	SO_2	NO_2	PM_{10}	CO	O_3	$PM_{2.5}$
紫叶李	上角质层厚度	0.508	0.465	0.688	**0.880** *	**-0.913** **	0.717
	上表皮厚度	-0.727	**-0.826** *	-0.314	-0.603	0.746	-0.637
	栅栏组织厚度	0.521	0.524	-0.145	0.016	-0.479	0.188
	海绵组织厚度	-0.118	-0.709	0.254	0.075	0.439	-0.026
	下表皮厚度	-0.166	-0.634	0.316	0.327	0.153	0.032
	下角质层厚度	0.328	0.124	**0.820** *	**0.893** **	-0.680	0.663
	叶片总厚度	0.631	0.088	0.013	0.054	-0.252	0.229
	栅海比	0.362	0.581	-0.218	0.005	-0.528	0.102
	叶组织结构紧密度	0.370	0.596	-0.232	-0.034	-0.488	0.098
	叶组织结构疏松度	-0.331	-0.633	0.242	0.069	0.464	-0.084
女贞	上角质层厚度	0.712	0.523	0.564	**0.800** *	**-0.952** **	0.718
	上表皮厚度	-0.194	-0.404	0.438	0.432	0.070	0.144
	栅栏组织厚度	0.484	0.416	-0.229	-0.210	0.089	0.105
	海绵组织厚度	-0.268	-0.244	-0.201	-0.364	**0.778** *	-0.257
	下表皮厚度	-0.241	-0.537	0.441	0.382	0.011	0.094
	下角质层厚度	0.543	0.186	0.749	**0.924** **	**-0.892** **	0.700
	叶片总厚度	0.300	0.258	-0.259	-0.312	0.368	-0.006
	栅海比	0.571	0.556	-0.151	0.018	-0.425	0.212
	叶组织结构紧密度	0.459	0.431	-0.322	-0.197	-0.164	0.038
	叶组织结构疏松度	-0.493	-0.450	0.185	0.026	0.435	-0.132
小叶女贞	上角质层厚度	0.426	0.397	**0.774** *	**0.886** **	**-0.851** *	0.722
	上表皮厚度	-0.455	-0.666	-0.079	-0.322	0.692	-0.334
	栅栏组织厚度	0.618	0.602	-0.085	-0.080	-0.228	0.278
	海绵组织厚度	-0.221	-0.295	-0.090	-0.390	**0.810** *	-0.186
	下表皮厚度	-0.313	-0.519	0.230	0.082	0.366	-0.049
	下角质层厚度	0.293	0.051	**0.865** *	**0.836** *	-0.604	0.655
	叶片总厚度	0.420	0.367	-0.111	-0.299	0.313	0.151
	栅海比	0.421	0.515	-0.135	0.097	-0.604	0.160
	叶组织结构紧密度	0.459	0.516	-0.146	0.035	-0.537	0.163
	叶组织结构疏松度	-0.444	-0.529	0.075	-0.145	0.653	-0.205

植物	叶片解剖结构	SO_2	NO_2	PM_{10}	CO	O_3	$PM_{2.5}$
大叶黄杨	上角质层厚度	0.401	0.336	0.620	**0.870**[*]	**-0.872**[*]	0.615
	上表皮厚度	-0.439	-0.801	0.134	-0.001	0.428	-0.226
	栅栏组织厚度	0.474	0.612	-0.062	0.114	-0.590	0.249
	海绵组织厚度	-0.187	-0.440	-0.316	-0.615	**0.810**[*]	-0.372
	下表皮厚度	-0.431	-0.422	0.253	-0.078	0.370	-0.101
	下角质层厚度	0.316	0.243	0.748	**0.870**[*]	**-0.763**[*]	0.641
	叶片总厚度	0.329	0.169	0.307	-0.446	0.198	-0.065
	栅海比	0.320	0.509	0.093	0.342	-0.735	0.285
	叶组织结构紧密度	0.504	0.587	-0.060	0.183	-0.627	0.262
	叶组织结构疏松度	-0.504	-0.587	0.060	-0.183	0.627	-0.262

*达到5%显著水平；**达到1%显著水平

城市大气环境中具有较高的 SO_2、NO_x、O_3 及悬浮颗粒物等污染物质，叶是植物与这些物质相互作用的主要界面。植物叶片角质层是植物叶表面由角质和蜡质组成的膜状结构，并由果胶质连接，覆盖在表皮细胞外面，主要起到防止污染物进入、机械防护和失水保护的作用（王博侠和冯玉龙，2004）。9 个采样点的四种植物中紫叶李和小叶女贞的角质层较薄而女贞和大叶黄杨的角质层较厚，且除紫叶李外，其他植物叶片的上角质层在采样点间都有显著差异。这说明角质层作为污染物与叶接触的第一道屏障，会随环境的变化发生变化。

Taylor（1978）将植物适应污染胁迫环境的机制分为两种：一种是植物避免污染物的吸收，另一种是污染物进入植物叶内部之后，增加对污染物的忍耐抵抗。植物叶作为植物与污染空气作用的最主要场所，叶的一些解剖结构特征体现了不同环境下的适应机制。在植物避免空气污染物毒害胁迫的叶作用机制包括叶边界层阻力、气孔阻力、角质层阻力和叶肉细胞阻力，与我们研究密切相关的是角质层和叶肉细胞的特征。

通过对大叶黄杨、女贞、小叶女贞和紫叶李的叶解剖参数进行了主成分分析，四个物种的第一主成分贡献率分别为52.8%、56.9%、59.2%和42.0%。在贡献率最大的第一主成分中，四个物种均与栅栏组织厚度与海绵组织厚度之比（TPT/TST）、海绵组织厚度与叶厚度之比（TPT/TLT）密切相关，反映了四个物种共有的对污染胁迫机制。同时，在这一主成分中，女贞、小叶女贞和紫叶李均与栅栏组织的绝对厚度相关，而大叶黄杨、女贞、小叶女贞与海绵组织厚度与叶厚度之比（TST/TLT）负相关。由于栅栏组织内含丰富的叶绿体，是植物进行光合作用的主要场所，发达的栅栏组织可避免污染物对光合作用的限制；海绵组织细胞间隙大，并与气孔相通，有利于气体交换。因此，第一主成分主要反映了叶解剖结构上对抗污染胁迫以忍耐污染为主，主要机制是增强光合能力、减少污染气体进入细胞内部。

四个物种的第二主成分贡献率分别为 26.9%、18.2%、20.7% 和 31.0%，第三主成分贡献率分别为 11.5%、14.6%、14.1% 和 12.7%，反映了不同植物在以忍耐适应空气环境胁迫的共性下具有的一些个性特征。大叶黄杨第二、第三主成分主要涉及栅栏组织厚度和叶厚度；女贞为海绵组织厚度和上表皮厚度；小叶女贞为上角质层厚度和海绵组织厚度，但与上角质层厚度是负相关；紫叶李为海绵组织厚度和下表皮厚度。角质层通常被认为是防止污染胁迫和水分流失的重要障碍层，但从分析结果来看，对于研究的四种植物而言不是关键因素。

从上述分析可以看出，叶肉组织是叶抵抗和适应污染的最主要的场所，由于一般的栅栏组织和海绵组织的厚度会出现较大的变异，但其厚度的比值一般保持相对稳定，因此可用栅栏组织厚度/海绵组织厚度（TPT/TST）对叶肉细胞的分化进行评估。大叶黄杨、女贞、小叶女贞和紫叶李栅海比分别为 0.31、1.17、0.76 和 0.90，说明了女贞与其他物种相比其增强光合能力、减少污染气体进入细胞内部的能力更强。同时前人的研究也发现，污染区生长的植物叶片，栅栏组织变厚、海绵组织变薄，表现出对空气污染物的抗性（Jahan and Zafar，1992；张玉来等，1981）；汽车尾气对植物也有同样的影响（朴雪飞，2013）。产生这种影响的可能原因是海绵组织靠近下表皮，气体污染物通过气孔进入叶片后会立即与海绵组织接触，而海绵组织细胞排列疏松，孔隙大，气体更容易与海绵组织接触并被吸收。TPT/TST 都具有很强的可塑性和变异性，说明栅海比可以作为一个很好的评价植物环境适应能力的指标。由于城市植物生长过程受水分、温度、光照、营养多种因素影响，研究空气污染对植物解剖结构的影响需要考虑其他因素对其的叠加效应。

城市不同功能区域的空气状况不同，几种植物叶片解剖结构指标在各采样点间表现出不同程度的差异性，栅栏组织厚度、叶片厚度、叶片组织结构紧密度在各点间差异显著。叶片厚度受栅栏组织和海绵组织的影响最大，上角质层厚度对栅栏组织厚度及海绵组织厚度有一定的影响。在所有解剖结构中，栅栏组织和海绵组织的变异性和可塑性较高，表明栅栏组织和海绵组织更容易对环境变化做出改变。对几个树种的变异系数和可塑性指标的均值进行排序，均为紫叶李>小叶女贞>女贞>大叶黄杨，表明它们对环境适应能力大小为紫叶李>小叶女贞>女贞>大叶黄杨。

7.2　植物叶片波动性不对称对城市空气质量的响应

生物在发育过程中受外界条件的改变或人为干扰的影响，经常出现一些小的、随机性的偏离。波动性不对称（fluctuating asymmetry，FA）则反映了生物发育过程中由于生物和非生物因素干扰导致的对双边对称结构的偏离，被用作反映发育稳定性的一个指标（Viscosi，2015）。一些研究表明，植物叶的 FA 与环境污染之间有密切的关系，可以作为环境质量的一个指标（Velickovic and Perisic，2006）。张浩和王祥荣（2005）研究了上海市行道树二球悬铃木的叶 FA，发现叶宽度的 FA 与环境胁迫等级之间的关系密切，而叶的偏向性 FA 与环境胁迫等级之间没有显著的联系。进一步认识植物叶 FA 与环境胁迫之间的关系，对于探索叶 FA 对环境的指示作用，特别是复合环境污染物的协同效应具有重要的意义。

7.2.1　样品采集与数据获取

在西安市的高压开关厂、兴庆小区、纺织城、小寨、市人民体育场、高新西区、经开区、曲江文化集团、广运潭设9个采样点（图7-1），采集各样点均存在的女贞、小叶女贞植物叶样品。在每个采样点周边选取胸径、树高相近的女贞和小叶女贞各6棵；每棵树在冠层的2/3处、沿东南西北4个方向，每个方向采集2片成熟叶，即每棵树采集8片，每个样点为48片叶。总计女贞和小叶女贞各432片树叶带回实验室清洗后备用。

将清洗干净的树叶编号并进行扫描存储，叶半宽度、半面积及半周长指标的测定采用Image J1.48软件进行。为减少误差，每片树叶三个特征值均测量三次。

叶半宽度即叶缘到主脉最宽处的距离。在Image J中连接叶尖和叶基部描绘出主脉，然后作两条主脉的平行线使其恰好与叶片的左右边缘相切，最后做出三条平行线的垂线，分别测定左右半宽的长度。

叶半周长测定，在Image J中使用折线沿着叶片边缘勾勒出左右两侧叶尖至叶基部的轮廓，进行分析测量，即可得到半周长值。

叶半面积的测定在Image J中使用折线沿着叶片边缘勾勒出叶尖至叶根的轮廓，再顺着主脉回到起点构成一个封闭图形，叶半面积的测定分析测量，即可得到左右半面积的数值。

7.2.2　波动性不对称FA值的计算及其正态性检验

叶FA利用式（7-6）来计算，式中L即树叶左侧的特征值（包括左半周长、左半宽、左半面积等），R即树叶右侧特征值（包括右半周长、右半宽、右半面积等），计算出的FA无量纲。分别用FAW、FAP和FAA表示叶宽、叶周长和叶面积的波动性不对称参数。

$$FA = \frac{|R-L|}{(R+L)/2} \tag{7-6}$$

FA是从生物两侧完全对称的形态特征中发生的随机偏差，其特点是左右两侧特征值（例如半周长、半宽、半面积）之差是均值为零的正态分布。利用Kolmogorov-Smimov检验对左半周长‐右半周长、左半宽‐右半宽、左半面积‐右半面积的结果进行正态性检验。再根据箱式图剔除少量异常值后，对每个采样点剩余数据进行Kolmogorov-Smimov检验和Student's检验，结果显示叶半周长、叶半宽度、叶半面积这三项指标的左右特征值之差均符合正态分布（$p>0.05$）且均值为零（$p>0.05$），所以叶半周长、叶半宽度、叶半面积具有波动性不对称的特征（表7-4）。

表7-4　女贞与小叶女贞叶半周长、叶半宽度、叶半面积的正态性检验

参数	女贞			小叶女贞		
	叶半周长	叶半宽度	叶半面积	叶半周长	叶半宽度	叶半面积
有效样本	393	393	393	401	401	401
正态均值	0.002	0.028	−0.054	−0.029	−0.008	0.051
正态标准差	0.622	0.162	1.211	0.253	0.117	0.363
Kolmogorov-Smimov检验	0.586	0.740	0.766	0.998	1.101	0.874
Student's检验	0.882	0.644	0.600	0.272	0.257	0.429

7.2.3 不同采样点的叶半宽度、叶半周长和叶半面积的 FA 特征

女贞和小叶女贞叶半宽度、叶半周长和叶半面积的波动性不对称特征如表7-5 所示。对于女贞，兴庆小区的叶半周长 FA 最大，为 0.071；纺织城的最小，为 0.033；平均为0.051，样点之间具有极显著的差异（$p = 0.004$）。叶半宽度 FA 最大的为高压开关厂（0.094）、最小的为小寨（0.036），平均为 0.063，样点之间具有极显著的差异（$p = 0.000$）。叶半面积 FA 最大的为经开区，为 0.140，最小的为广运潭的 0.046，平均为0.082，样点之间具有极显著的差异（$p = 0.000$）。在叶三个不同的 FA 特征中，叶半面积的 FAA 值最大，说明叶半面积受环境因素的影响较大，其次为叶宽度 FAW；但这三个指标之间的相关性并不显著。

表 7-5　不同采样点女贞和小叶女贞的叶半宽度、叶半周长和叶半面积的 FA 特征

采样点	女贞			小叶女贞		
	FAP	FAW	FAA	FAP	FAW	FAA
1	0.047±0.039	0.094±0.063	0.100±0.058	0.037±0.026	0.109±0.088	0.122±0.107
2	0.071±0.032	0.048±0.031	0.078±0.051	0.062±0.040	0.068±0.042	0.088±0.081
3	0.033±0.030	0.059±0.037	0.058±0.050	0.035±0.024	0.064±0.050	0.106±0.055
4	0.036±0.033	0.036±0.024	0.075±0.052	0.035±0.031	0.077±0.072	0.080±0.065
5	0.052±0.037	0.049±0.044	0.066±0.049	0.067±0.051	0.093±0.068	0.118±0.073
6	0.067±0.059	0.060±0.036	0.109±0.071	0.039±0.023	0.096±0.060	0.103±0.065
7	0.069±0.038	0.076±0.062	0.140±0.086	0.039±0.025	0.096±0.064	0.105±0.065
8	0.050±0.035	0.063±0.045	0.067±0.047	0.042±0.036	0.081±0.069	0.093±0.068
9	0.067±0.063	0.086±0.078	0.046±0.031	0.050±0.048	0.052±0.040	0.100±0.070
平均	0.051	0.063	0.082	0.043	0.082	0.102

注：采样点 1. 高压开关厂；2. 兴庆小区；3. 纺织城；4. 小寨；5. 市人民体育场；6. 高新西区；7. 经开区；8. 曲江文化集团；9. 广运潭

对于小叶女贞，叶半周长 FA 最大的为市体育场的 0.067、最小的为纺织城和小寨的0.035，平均为 0.045，样点之间具有极显著的差异（$p = 0.004$）。叶半宽度 FA 最大的为高压开关厂（0.109），最小的为广运潭（0.052），平均为 0.082，样点之间具有极显著的差异（$p = 0.000$）。叶半面积 FA，最大的为高压开关厂（0.122），最小的样点为小寨（0.080），平均为 0.102，样点之间具有极显著的差异（$p = 0.000$）。在小叶女贞中，同样表现出 FAA 最大，其次为 FAW，FAP 最小；同样三者之间的关系不显著。

对女贞和小叶女贞的 FAP、FAW 和 FAA 三个指标进行成对 t 检验，两个物种的 FAP及 FAA 具有近似显著的差异（显著水平均为 $p = 0.079$）；而 FAW 在物种之间具有显著差异（$p = 0.047$）。

女贞和小叶女贞叶半宽度、叶半周长和叶半面积的波动性不对称特征对空气环境反应都很敏感，且以叶左右半面积的不对称程度受样点环境因素的影响较大。女贞和小叶女贞

各 FA 参数对环境的反应存在明显差异，并以叶半宽度不对称程度表现更明显。

7.2.4 叶 FA 与空气质量之间的关系

女贞和小叶女贞的叶寿命在 2 年左右，一般在三月初（初春）发新叶。因此，采集的成熟叶片大致有一年的叶龄，可近似地认为是 2013 年 3 月初发的新叶发育而来。不同采样点的当时空气质量如表 7-6 所示。

表 7-6　各采样点空气污染物浓度月均值

采样点	空气污染物浓度月均值（$\mu g/m^3$）						
	SO_2	NO_2	PM_{10}	CO	O_3 1 小时平均	O_3 8 小时平均	$PM_{2.5}$
1	30.21	71.26	123.82	43.07	30.87	40.00	127.30
2	43.91	83.64	118.19	53.27	37.44	44.83	127.64
3	22.97	62.02	113.89	47.28	21.39	29.19	117.61
4	31.11	61.63	125.10	50.16	32.89	40.76	117.32
5	34.24	74.41	105.60	48.27	33.90	41.35	101.38
6	30.96	64.44	148.45	48.16	34.86	41.24	139.00
7	35.28	78.64	122.56	48.13	33.32	40.06	115.25
8	32.49	58.05	127.33	43.87	29.48	34.98	129.60
9	36.19	62.42	120.58	42.29	26.50	33.22	115.59

注：采样点 1. 高压开关厂；2. 兴庆小区；3. 纺织城；4. 小寨；5. 市人民体育场；6. 高新西区；7. 经开区；8. 曲江文化集团；9. 广运潭

对 FAP、FAW 和 FAA 三个指标与主要空气污染物浓度进行分析，无论是女贞还是小叶女贞，其叶半周长的波动不对称性 FAP 都与 SO_2 的浓度具有显著的关系，其他指标之间的关系均不显著（图 7-7，表 7-7）。

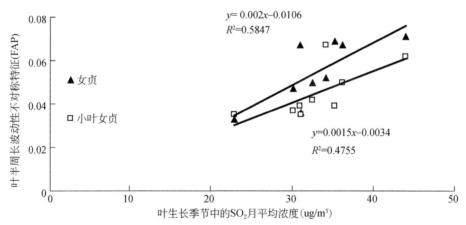

图 7-7　叶半周长 FAP 与 SO_2 浓度的关系

表7-7 女贞和小叶女贞FAP、FAW及FAA与主要空气污染物相关性分析

污染物	女贞			小叶女贞		
	FAP	FAW	FAA	FAP	FAW	FAA
SO_2	$y=-0.0106+0.002C$, $p=0.016$	$y=0.072-0.0003C$, $p=0.838$	$y=0.068+0.0004C$, $p=0.830$	$y=-0.003+0.0015C$, $p=0.040$	$y=0.097-0.005C$, $p=0.717$	$y=0.126-0.0007C$, $p=0.425$
NO_2	$y=-0.0053+0.0009C$, $p=0.139$	$y=0.064-0.00001C$, $p=0.987$	$y=-0.022+0.0015C$, $p=0.213$	$y=-0.0056+0.0007C$, $p=0.127$	$y=0.043+0.0006C$, $p=0.474$	$y=0.080+0.0003C$, $p=0.596$
PM_{10}	$y=0.012+0.0003C$, $p=0.467$	$y=0.043+0.0002C$, $p=0.788$	$y=-0.054+0.0011C$, $p=0.235$	$y=0.11-0.0005C$, $p=0.154$	$y=0.029+0.0004C$, $p=0.474$	$y=0.134-0.0003C$, $p=0.552$
CO	$y=-0.030+0.0005C$, $p=0.750$	$y=0.259-0.004C$, $p=0.013$	$y=0.003+0.0017C$, $p=0.601$	$y=-0.003+0.001C$, $p=0.425$	$y=0.090-0.0002C$, $p=0.906$	$y=0.182-0.0017C$, $p=0.224$
O_3 1小时平均	$y=0.004+0.002C$, $p=0.134$	$y=0.103-0.0013C$, $p=0.389$	$y=-0.0116+0.003C$, $p=0.171$	$y=0.013+0.001C$, $p=0.257$	$y=0.028+0.0017C$, $p=0.216$	$y=0.117-0.0005C$, $p=0.649$
O_3 8小时平均	$y=0.0045+0.0013C$, $p=0.234$	$y=0.108-0.0012C$, $p=0.434$	$y=-0.032-0.003C$, $p=0.172$	$y=0.008+0.001C$, $p=0.287$	$y=0.0096+0.0019C$, $p=0.168$	$y=0.1118-0.0003C$, $p=0.806$
$PM_{2.5}$	$y=-0.018+0.0003C$, $p=0.557$	$y=0.034+0.0002C$, $p=0.720$	$y=-0.010+0.0008C$, $p=0.458$	$y=0.099-0.0004C$, $p=0.277$	$y=0.048+0.003C$, $p=0.669$	$y=0.137-0.0003C$, $p=0.539$

7.2.5 叶FA指示大气环境质量的机制与可行性

Kozlov等（2002）在苏格兰松上的研究发现，在污染环境下即使其针叶的显微结构已经发生了明显的改变，但传统的生长速率、冠层透光强度及叶失绿等仍没有变化，而此时的叶长度和重量的波动性不对称指标与对照相比增长40%和30%，因此认为FA是灵敏的环境污染指示指标。Klisaric等（2014）对刺槐的研究发现，污染区和对照区的FA具有显著的差异，刺槐的FA是一个有潜力的生物指示物。Shadrina等（2015）发现白桦在化学和粉尘污染严重区域，叶的发育不稳定增加，FA变化增大。因此，Retting等（1997）认为FA提供了一个灵敏的可以反映低剂量胁迫的指标。但是，Wuytack等（2011）在白柳（*Salix alba* L.）上的研究发现，白柳FA对环境的变化并不敏感，他认为主要的原因可能与样本数量、白柳特性有关（白柳对环境胁迫不敏感）；同时由于一些生理活动和形态变化能缓冲或减轻环境胁迫的影响，致使FA不敏感。我们研究的9个采样点中，只有NO_2和颗粒物超过了国家二级空气质量标准，同时采样调查过程中也没有发现女贞和小叶女贞有明显的受害症状，但各个采样点间叶的FAP、FAW、FAA具有显著差异，说明这些指标可以较为灵敏地反应胁迫危害。女贞和小叶女贞均表现出FAA最高，FAP最小，其原因可能在于叶子的宽度和周长影响了叶面积的大小和形状，叶面积对周长和叶宽的变异存在放大效应，致使其有着高的FAA。Velickovic和Savic（2012）在平车前（*Plantago depressa* Willd.）上的研究也表明了，同一植株不同的叶特征指标，如叶宽和叶脉宽度的波动性不对称值对环境的响应是不同的。

遗传和环境因素是影响植物发育的主要形成机制，由于遗传产生的微小变异及环境因素诱导的酶活性变化，会在不同层次上影响发育的稳定性；而这种发育的非稳态化，可以缓冲不利条件对植物的伤害，波动性不对称则表征了这种微小的偏差。由于环境条件是多因素的综合表现，因此FA部分可以表征为一些主导因素的结果，而其余表现为环境因素的协同效应。在我们的研究中，FAP、FAW、FAA在代表不同环境的位置均有显著的差异，但是只有FAP和SO_2的浓度具有密切的关系而与NO_2、O_3和颗粒物的关系不显著（图7-7，表7-7）。这可能由于城市环境中的女贞和小叶女贞处于N素营养相对不足的环境，少量的N输入有利于生长发育而不出现胁迫，植物对S的需求相对较少，其浓度较高则出现了胁迫。Kozlov等（2002）在苏格兰松上也发现FA与空气的S沉降有密切的关系。

环境对FA的影响，主要通过资源和代谢物的分配来改变个体或群体的生理投资；叶FA的增加是生理投资分配的一个体现（Qi et al., 2014）。但是，当植物完全适应了这种环境之后，其生理投资达到新的平衡，导致FA消失（Klisaric et al., 2014）。因此，利用FA监测环境质量时，采用何种植物、植物叶的何种指标、样本数量及植物年龄均有待于进一步研究；如何建立FA与特征污染物的定量关系也是FA生物监测的关注点。

在不同的城市环境条件下，女贞和小叶女贞植物叶半周长、叶半宽度、叶半面积的波动性不对称特征存在一定的差异；同一环境下不同物种叶的波动性不对称特征也有较大差异；叶半周长的波动性不对称与空气中的SO_2之间具有显著的线性关系。叶的波动性不对称特征对不同环境条件具有敏感的反应，但存在物种的差异；同时植物定居的环境是各种因素的综合作用，建立叶的波动性不对称特征与特征污染物的关系也是亟待研究的问题。

7.3　叶片润湿性对空气环境质量的响应

叶面润湿性是表征叶面特征的一个综合指标，大气污染产生的各种污染物沉降在植物表面，会对叶片造成损伤，影响叶面的润湿性。虽然针对单因子胁迫的模拟实验，可以研究叶面润湿性对环境胁迫的响应（Schreuder et al.，2001；Klamerus- Iwan and Lasota，2018）；但自然环境中污染物通常以复合形式出现，且组分常常发生变化，风向、风速、温度、湿度等气象条件也可能随时发生变化。

7.3.1　植物叶面润湿性的测定

在西安南郊的 22 个点（图 7-8）采集各样点均有分布的女贞和小叶女贞植物叶样品。采样点交通状况和附近环境状况如表 7-8 所示。采用液滴法借助 JC2000C1 静滴接触角/界面张力测量仪测定叶面的接触角（液滴大小为 6μl）。叶面的异质性用叶面液滴的不对称程度（drop asymmetry，DA，无量纲）表示。该参数可能与叶面几何结构、叶面蜡质磨损的异质性有关，可用式（7-7）表示（Kardel et al.，2012）。

$$DA = 2 \times ABS \frac{R_\theta - L_\theta}{R_\theta + L_\theta} \tag{7-7}$$

式中，R_θ 和 L_θ 分别为右侧和左侧测定的接触角（图 7-9），ABS 表示绝对值。

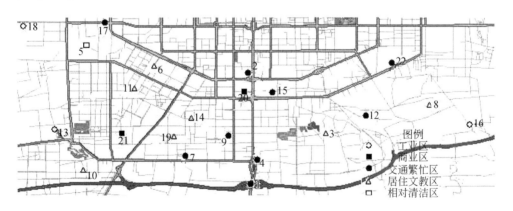

图 7-8　采样点

注：1. 长安立交；2. 长安路立交；3. 大唐芙蓉园门口；4. 电视塔；5. 高科花园；6. 光华十字；7. 丈八东路；8. 雁翔路；9. 青松路；10. 绿地笔克会展中心；11. 科技六路；12. 曲江路；13. 陕西金涛钛业；14. 西安石油大学门口；15. 省委门口；16. 市政蓄水池；17. 唐延路；18. 西安化工厂；19. 西部电子工业园；20. 小寨立交；21. 太白南路建材市场；22. 西影路

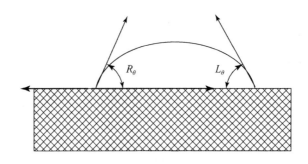

图 7-9 R_θ 和 L_θ 示意图

表 7-8 不同采样点的交通流量（均值±标准差）和周边环境状况

样点编号	采样点	交通流量（辆/h）	采样点周边环境
1	长安立交	5170±1104	交通流量巨大，影响严重
2	长安路立交	3252±170	交通流量大
3	大唐芙蓉园门口	1114±172	人流量大
4	电视塔	1936±265	位于长安南路南端，雁展路西端，周围绿化环境好
5	高科花园	—	位于唐兴路，花园内环境良好，可以作为参照
6	光华十字	604±15	位于文教区，车流量少
7	丈八东路	2358±182	东临西北水电大厦，无明显污染源，主要受交通影响
8	雁翔路	1688±397	西临西安理工大曲江校区，东临西交大科技园，周边有陶瓷厂、建材仓库等
9	青松路	764±108	东临城南汽车站，主要影响为汽车尾气
10	绿地笔克会展中心	1888±334	周围绿化环境好，无明显污染源
11	科技六路	1442±228	紧邻木塔寺公园，周围绿化好
12	曲江路	2062±649	周围进行建筑施工的很多，有很多的石灰沉降在叶片表面，且交通流量大
13	陕西金涛钛业	—	南临特种钢厂，受双重影响
14	西安石油大学门口	1612±129	位于含光路南端，周围绿化环境好，无其他污染源
15	省委门口	2972±567	紧邻南二环，受南二环和雁塔北路交通双重影响
16	市政蓄水池	538±70	车流量小，周围有很多的垃圾堆放，存在垃圾焚烧的情况
17	唐延路	2532±333	周围无施工等现象，仅车流量大
18	西安化工厂	—	受化工厂影响大
19	西部电子工业园	504±93	周围主要是居民区，北临西安联创电器集团，西边有小范围建筑施工
20	小寨立交	1794±263	商业区、人流量大
21	太白南路建材市场	1556±281	交通流量一般，北临木材、钢材、建材批发基地
22	西影路	1920±336	临近正大制药公司，交通流量一般

7.3.2 不同环境条件下植物叶面润湿性

女贞和小叶女贞在不同环境条件下叶面接触角有显著差异（$p<0.001$，表7-9，图7-10）。在各采样点，小叶女贞叶正面和背面的接触角均显著高于女贞（t检验，$p<0.05$，表7-9）。女贞叶片在相对清洁区和居住文教区（采样点5、6和14）背面接触角显著大于正面（成对t检验，$p<0.05$，表7-9），而在其他采样点叶片正面和背面接触角均无显著差异（成对t检验，$p>0.05$，表7-9）。对小叶女贞而言，在所研究的区域内，叶片正面和背面的接触角均无显著差异（成对t检验，$p>0.05$，表7-9）。女贞叶片正面和背面接触角的变化范围分别为：59.2°～86.9°和45.5°～89.0°。对小叶女贞而言，叶片正面和背面的接触角分别变化于：69.2°～95.3°和80.4°～95.4°。女贞叶面接触角在污染环境中下降的程度较小叶女贞明显。女贞叶片正面和背面的接触角在居住文教区、商业区、交通繁忙区和工业区分别较相对清洁区降低1.3%、14.3%、7.5%、21.4%；6.1%、13.7%、12.4%和35.1%（图7-10）。小叶女贞叶片正面和背面的接触角在居住文教区、商业区、交通繁忙区和工业区则分别较相对清洁区降低1.0%、1.4%、6.7%、9.0%；0.0%、4.8%、2.9%和5.7%（图7-10）。

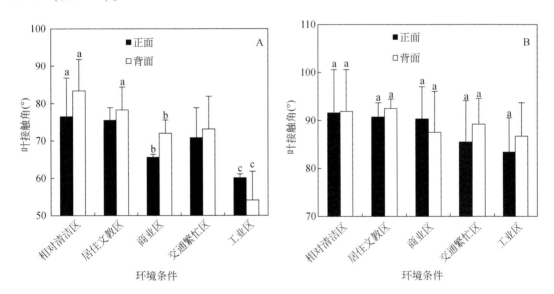

图7-10　不同功能区植物叶面润湿性

注：A为女贞；B为小叶女贞；图中数据为均值±标准差；不同小写字母表示在0.05水平上差异显著

女贞叶片正面的变异系数从样点5（相对清洁区）的7.0%到样点20（商业区）的26.5%；背面则从样点5（相对清洁区）的8.1%到样点13（工业区）的23.2%。小叶女贞叶片正面和背面的变异系数则分别为3.3%～18.4%和4.2%～13.6%（表7-9）。这两种植物叶面接触角均表现出较大的变异性和波动性，但女贞的变异和波动程度高于小叶女贞。

表7-9　不同环境条件下女贞和小叶女贞叶面的接触角

采样点	女贞						小叶女贞					
	正面(°)	SD	CV(%)	背面(°)	SD	CV(%)	正面(°)	SD	CV(%)	背面(°)	SD	CV(%)
1	67.4	4.7	7.0	61.5	5.0	8.1	83.0	4.7	5.7	80.5	5.3	6.6
2	62.7	7.6	12.1	59.3	10.6	17.9	69.2	11.2	16.2	85.6	7.5	8.8
3	73.9	11.2	15.2	74.3	10.9	14.7	89.1	6.7	7.5	90.3	6.1	6.8
4	86.9	9.4	10.8	87.7	11.9	13.6	94.9	7.2	7.6	92.9	7.8	8.4
5	76.5	10.3	13.5	83.4	8.4	10.1	91.6	9.0	9.8	91.9	8.7	9.5
6	74.2	13.8	18.6	89.0	19.6	22.0	88.7	9.8	11.0	93.7	6.9	7.4
7	62.7	5.3	8.5	63.2	14.1	22.3	93.9	5.5	5.5	95.4	4.0	4.2
8	67.3	11.7	17.4	72.6	8.4	11.6	87.5	11.1	12.7	89.7	12.2	13.6
9	72.6	9.7	13.4	75.1	10.4	13.8	92.9	3.1	3.3	93.6	5.9	6.3
10	77.3	15.4	19.9	74.7	17.2	23.0	92.9	9.2	9.9	94.2	10.2	10.8
11	76.5	13.1	17.1	76.3	17.2	22.5	93.0	13.3	14.8	94.6	11.1	11.7
12	69.7	14.4	20.7	72.6	8.6	11.8	75.6	13.9	18.4	84.1	7.2	8.6
13	59.2	9.1	15.4	56.5	13.1	23.2	84.2	7.4	8.8	85.0	10.6	12.4
14	72.8	12.2	16.8	84.8	13.6	16.0	88.3	10.5	11.9	91.8	8.7	9.5
15	62.9	11.2	17.8	70.4	13.7	19.5	84.7	5.6	6.6	86.6	9.5	11.0
16	59.9	9.3	15.5	60.4	9.1	15.1	90.1	8.5	9.4	94.2	6.9	7.3
17	61.1	6.5	10.6	71.2	14.4	20.2	88.4	13.3	15.0	88.6	7.3	8.2
18	61.2	7.8	12.7	45.5	10.2	22.4	75.9	8.5	11.2	80.4	5.5	6.8
19	76.5	13.4	17.5	77.4	16.4	21.2	95.3	11.5	12.1	93.4	6.1	6.5
20	66.1	17.5	26.5	69.4	15.4	22.2	85.5	10.6	12.4	81.4	6.9	8.5
21	65.0	9.6	14.8	74.5	15.6	20.9	95.0	4.9	5.2	93.5	7.4	7.9
22	71.4	15.0	21.0	76.8	16.7	21.7	87.1	11.6	13.3	95.3	11.3	11.9

注：1. 长安立交；2. 长安路立交；3. 大唐芙蓉园门口；4. 电视塔；5. 高科花园；6. 光华十字；7. 丈八东路；8. 雁翔路；9. 青松路；10. 绿地笔克会展中心；11. 科技六路；12. 曲江路；13. 陕西金涛钛业；14. 西安石油大学门口；15. 省委门口；16. 市政蓄水池；17. 唐延路；18. 西安化工厂；19. 西部电子工业园；20. 小寨立交；21. 太白南路建材市场；22. 西影路

7.3.3　不同环境条件下植物叶面液滴的不对称程度

女贞和小叶女贞在不同环境条件下叶面液滴的不对称程度有显著差异（$p<0.001$，表7-10），其正面和背面的均值分别为：0.020、0.020和0.015、0.018。女贞叶片正面和背面液滴不对称程度差异不显著（t 检验，$p>0.05$），但其叶片正面和背面的液滴的不对称程度均显著高于女贞（t 检验，$p<0.05$，表7-10）。对小叶女贞而言，在所研究的区域内，叶片正面和背面液滴的不对称程度无显著差异（t 检验，$p>0.05$，表7-10）。女贞叶片正面和背面液滴不对称程度的变化范围分别为：0.010～0.034和0.008～0.033。对小叶女贞而言，叶片正面和背面液滴不对称程度分别变化于：0.006～0.030 和 0.008～0.050。女贞叶面液滴不对称程度在污染环境中下降的程度较小叶女贞明显。女贞叶片正面和背面液滴不对称程度在居住文教区、商业区、交通繁忙区和工业区分别较相对清洁区升高 61.9%、104.2%、57.4%、83.3% 和 64.3%、75.0%、85.2%、50.0%（图7-11）。小叶女贞叶片正面液滴不对称程度仅工业区较相对清洁区升高 64.6%，而背面仅商业区较相对清洁区升高 11.1%，在其他区域均较相对清洁区降低。由此可见，这两种植物叶面液滴不对称程度均表现出较大的变异性，但女贞的变异性高于小叶女贞；且女贞液滴不对称程度对环境条件的变化较小叶女贞敏感。

表 7-10　不同环境条件下女贞和小叶女贞叶面液滴不对称程度

采样点	女贞		小叶女贞	
	正面	背面	正面	背面
1	0.014±0.013	0.011±0.016	0.008±0.011	0.022±0.022
2	0.010±0.013	0.014±0.031	0.017±0.017	0.032±0.045
3	0.017±0.015	0.017±0.023	0.020±0.013	0.022±0.025
4	0.021±0.022	0.033±0.023	0.019±0.032	0.024±0.017
5	0.012±0.015	0.012±0.016	0.016±0.015	0.018±0.019
6	0.020±0.015	0.025±0.015	0.016±0.016	0.009±0.010
7	0.023±0.020	0.019±0.024	0.011±0.009	0.014±0.014
8	0.014±0.018	0.017±0.015	0.012±0.013	0.009±0.010
9	0.020±0.022	0.022±0.019	0.009±0.012	0.016±0.017
10	0.020±0.017	0.030±0.024	0.010±0.013	0.012±0.018
11	0.023±0.026	0.016±0.015	0.013±0.012	0.008±0.010
12	0.027±0.022	0.023±0.022	0.030±0.036	0.014±0.018
13	0.015±0.021	0.023±0.022	0.028±0.020	0.015±0.015
14	0.018±0.016	0.020±0.017	0.006±0.011	0.050±0.053
15	0.016±0.018	0.029±0.029	0.014±0.018	0.010±0.013
16	0.034±0.065	0.023±0.026	0.025±0.030	0.021±0.029
17	0.019±0.019	0.029±0.027	0.006±0.010	0.017±0.022
18	0.017±0.016	0.008±0.012	0.026±0.019	0.013±0.019
19	0.024±0.021	0.013±0.020	0.014±0.015	0.016±0.015
20	0.029±0.068	0.019±0.023	0.018±0.017	0.023±0.024
21	0.020±0.037	0.023±0.024	0.011±0.015	0.017±0.020
22	0.020±0.020	0.020±0.025	0.010±0.011	0.016±0.022

注：1. 长安立交；2. 长安路立交；3. 大唐芙蓉园门口；4. 电视塔；5. 高科花园；6. 光华十字；7. 丈八东路；8. 雁翔路；9. 青松路；10. 绿地笔克会展中心；11. 科技六路；12. 曲江路；13. 陕西金涛钛业；14. 西安石油大学门口；15. 省委门口；16. 市政蓄水池；17. 唐延路；18. 西安化工厂；19. 西部电子工业园；20. 小寨立交；21. 太白南路建材市场；22. 西影路

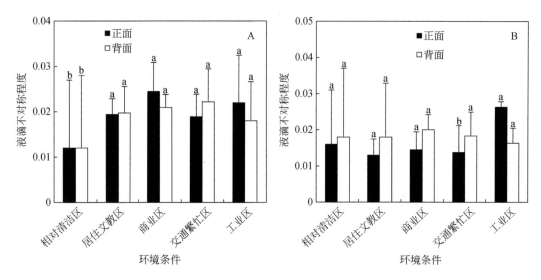

图 7-11　不同环境条件植物叶面液滴不对称程度

注：A 为女贞；B 为小叶女贞；图中数据为均值±标准差；不同小写字母表示在 0.05 水平上差异显著

　　在不同空气污染程度下的女贞和小叶女贞叶面润湿性发生了变化，且随着污染程度的加剧接触角降低，说明这两种植物叶面润湿性可作为该地空气质量差异的有效指标来利用。女贞和小叶女贞在不同环境条件下叶面液滴的不对称程度均表现出较大的变异性，但女贞的变异性高于小叶女贞，说明女贞对环境条件的变化更敏感。从本研究结果看，女贞叶面润湿性的变异和波动程度均较小叶女贞高，且叶面液滴的不对称程度较小叶女贞高，从这个意义上来讲，女贞较小叶女贞更适宜于以润湿性作为指标指示环境质量的变化。

参 考 文 献

白潇，李毅，苏世平 . 2013. 不同居群唐古特白刺叶片解剖特征对生境的响应研究 [J] . 西北植物学报，
    33 (10)：1986-1993.

曹洪法 . 1990. 我国大气污染及其对植物的影响 [J] . 生态学报，10 (1)：7-12.

柴一新，祝宁，韩焕金 . 2002. 城市绿化树种的滞尘效应——以哈尔滨市为例 [J] . 应用生态学报，
    13 (9)：1121-1126.

陈少雄，陈家楠，蔡继业 . 2010. 利用原子力显微镜观察芥蓝叶片气孔 [J] . 湖南农业大学学报（自然
    科学版），36 (1)：9-11.

程帅，董云开，张向军 . 2007. 规则粗糙固体表面液体浸润性对表观接触角影响的研究 [J] . 机械科学
    与技术，26 (7)：822-827.

党宏忠，董铁狮，赵雨森 . 2007. 红松林冠对降水的截留特征 [J] . 东北林业大学学报，35 (10)：4-6.

段文标，刘少冲，陈立新 . 2005. 莲花湖库区水源涵养林水文效应的研究 [J] . 水土保持学报，19 (5)：
    26-30.

高金晖，王冬梅，赵亮，等 . 2007. 植物叶片滞尘规律研究——以北京市为例 [J] . 北京林业大学学报，
    29 (2)：94-99.

顾惕人，朱步瑶，李外郎，等 . 1994. 表面化学 [M] . 北京：科学出版社 .

贾彦，吴超，董春芳，等 . 2012. 7 种绿化植物滞尘的微观测定 [J] . 中南大学学报（自然科学版），
    43 (11)：4547-4553.

李春杰，任东兴，王根绪，等 . 2009. 青藏高原两种草甸类型人工降水截留特征分析 [J] . 水科学进展，
    20 (6)：669-774.

李海梅，刘霞 . 2008. 青岛市城阳区主要园林树种叶片表皮形态与滞尘量的关系 [J] . 生态学杂志，
    27 (10)：1659-1662.

李婧婧，黄俊华，谢树成 . 2011. 植物蜡质及其与环境的关系 [J] . 生态学报，31 (2)：565-574.

刘家琼，蒲锦春，刘新民 . 1987. 我国沙漠中部地区主要不同生态类型植物的水分关系和旱生结构比较研
    究 [J] . 植物学报，29 (6)：662-673.

刘玲，方炎明，王顺昌，等 . 2013. 7 种树木的叶片微形态与空气悬浮颗粒吸附及重金属累积特征 [J] .
    环境科学，34 (6)：2361-2367.

刘璐，管东生，陈永勤 . 2013. 广州市常见行道树种叶片表面形态与滞尘能力 [J] . 生态学报，33 (8)：
    2604-2614.

刘美珍，蒋高明，李永庚，等 . 2004. 浑善达克沙地三种生境中不同植物的水分生理生态特征 [J] . 生
    态学报，24 (7)：1465-1471.

刘梦颖，刘光立 . 2018. 高山植物全缘叶绿绒蒿叶片形态及解剖结构对海拔的响应 [J] . 生态学杂志，
    37 (1)：35-42.

朴雪飞 . 2013. 汽车尾气污染对 3 种北方绿化树种解剖结构的影响 [J] . 辽宁林业科技，(5)：28-30，
    35.

曲爱兰，文秀芳，皮丕辉，等 . 2007. 复合 SiO₂ 粒子涂膜表面结构及超疏水性能 [J] . 无机化学学报，
    23 (10)：1711-1716.

曲爱兰，文秀芳，皮丕辉，等 . 2008. 复合 SiO₂ 粒子涂膜表面的超疏水性研究 [J] . 无机材料学报，
    23 (2)：373-378.

任露泉，王淑杰，周长海，等 . 2006. 典型植物非光滑疏水表面的理性模型 [J] . 吉林大学学报（工学
    版），26 (增刊2)：97-101.

石辉，李俊义 . 2009. 植物叶片润湿性特征的初步研究 [J]. 水土保持通报, 29 (3)：202-205.

石辉，王会霞，李秧秧 . 2011a. 植物叶表面的润湿性及其生态学意义察 [J]. 生态学报, 31 (15)：4287-4298.

石辉，王会霞，李秧秧，等 . 2011b. 女贞和珊瑚树叶片表面结构的 AFM 观察 [J]. 生态学报, 31 (5)：1471-1477.

时忠杰，王彦辉，于澎涛，等 . 2005. 宁夏六盘山林区几种主要森林植被生态水文功能研究 [J]. 水土保持学报, 19 (3)：134-138.

王博侠，冯玉龙 . 2004. 大叶藤黄叶片角质层的酶分离技术 [J]. 生态学杂志, 23 (3)：141-143.

王会霞，石辉，李秧秧 . 2010a. 西安市常见绿化植物叶片润湿性能及其影响因素 [J]. 生态学杂志, 29 (4)：630-636.

王会霞，石辉，李秧秧 . 2010b. 城市绿化植物叶片表面特征对滞尘能力的影响 [J]. 应用生态学报, 21 (12)：3077-3082.

王会霞，石辉，李秧秧 . 2011. 城市大气环境下绿化植物叶片比叶重和光合色素含量 [J]. 中国环境科学, 31 (7)：1134-1142.

王会霞，石辉，玉亚 . 2012. 植物叶面自由能特征和水滴形态对截留降水的影响 [J]. 水土保持学报, (3)：251-254, 259.

王会霞，王彦辉，杨佳，等 . 2015. 不同绿化树种滞留 $PM_{2.5}$ 等颗粒污染物能力的多尺度比较 [J]. 林业科学, 51 (7)：9-20.

王蕾，高尚玉，刘连友，等 . 2006. 北京市 11 种园林植物滞留大气颗粒物能力研究 [J]. 应用生态学报, 17 (4)：597-601.

王淑杰 . 2006. 典型生物非光滑表面形态特征及其脱附功能特性研究 [D]. 长春：吉林大学博士学位论文 .

王淑杰，任露泉，韩志武，等 . 2005. 典型植物叶表面非光滑形态的疏水防黏效应 [J]. 农业工程学报, 21 (9)：16-19.

王赞红，李纪标 . 2006. 城市街道常绿灌木植物叶片滞尘能力及滞尘颗粒物形态 [J]. 生态环境, 15 (2)：327-330.

肖易航，郑军，刘荣和，等 . 2019. 粗糙表面润湿滞后的研究进展 [J]. 热加工工艺, (10)：15-20.

解卫海，周瑞莲，梁慧敏，等 . 2015. 海岸和内陆沙地砂引草 (Messerschmidia sibirica) 对自然环境和沙埋处理适应的生理差异 [J]. 中国沙漠, 35 (6)：1538-1548.

杨浩，韩彦莎，仪慧兰 . 2019. 二氧化硫暴露对谷子幼苗气孔运动、脯氨酸代谢和抗氧化酶系统的影响 [J]. 环境科学学报, 39 (8)：2747-2753.

杨晓东，尚广瑞，李雨田，等 . 2006. 植物叶表的润湿性能与其表面微观形貌的关系 [J]. 东北师范大学学报 (自然科学版), 38 (3)：91-95.

姚兆华，郝丽珍，王萍，等 . 2007. 沙芥属植物叶片的气孔特征研究 [J]. 植物研究, 27 (2)：199-203.

张浩，王祥荣 . 2005. 城市环境胁迫下悬林木叶片发育稳定性及在环境指示中的应用研究 [J]. 生态学杂志, 24 (7)：719-723.

张丽芬，陈复生，孙晓洋，等 . 2008. 原子力显微镜表征采后果蔬结构特性的研究进展 [J]. 食品与机械, 24 (1)：159-163.

张玉来，赵彦芳，邹杰，等 . 1981. 沈阳市大气污染对几种树木叶片解剖构造影响的研究 [J]. 辽宁大学学报, (2)：85-89.

张志山，张景光，刘立超，等 . 2005. 沙漠人工植被降水截留特征研究 [J]. 冰川冻土, 27 (5)：761-766.

郑黎俊，乌学东，楼增，等 . 2004. 表面微细结构制备超疏水表面［J］. 科学通报，2004，49（17）：1691-1699.

郑淑霞，上官周平 . 2004. 近一世纪黄土高原区植物气孔密度变化规律［J］. 生态学报，24（11）：2457-2464.

朱济友，徐程扬，覃国铭，等 . 2019. 3 种典型绿化植物叶功能性状对大气污染的响应及其叶经济谱分析——以北京市为例［J］. 中南林业科技大学学报，39（3）：91-98.

祖元刚，张宇亮，刘志国，等 . 2006. 原子力显微镜在植物学研究中的应用［J］. 植物学通报，23（6）：708-717.

Abrams M D，Kubiske M E. 1990. Leaf structural characteristics of 31 hardwood and conifer tree species in central Wisconsin：Influence of light regime and shade-tolerance rank［J］. Forestry Ecology and Management，31：245-253.

Abrams M D，Kubiske M E，Mostoller S A. 1994. Relating wet and dry year ecophysiology to leaf structure in con-strasting temperate tree species［J］. Ecology，75（1）：123-133.

Adams C M，Hutchinson T C. 1987. Comparative abilities of leaf surfaces to neutralize acidic raindrops II. The in-fluence of leaf wettability，leaf age and rain duration on changes in droplet pH and chemistry on leaf surfaces［J］. New Phytologist，106：437-456.

Armstrong D J，Whitecross M I. 1976. Temperature effects on formation and fine structure of *Brassica napus* leaf waxes［J］. Australian Journal of Botany，24：309-318.

Bačić T，Krstin L，Roša J，et al. 2005. Epicuticular wax on stomata of damaged silver fir trees（*Abies alba* Mill.）［J］. Acta Societatis Botanicorum Poloniae，74（2）：159-166.

Barthlott W，Neinhuis C，Cutler D，et al. 1998. Classification and terminology of plant epicuticular waxes［J］. Botanical Journal of the Linnean Society，126：237-260.

Bassette C，Bussière F. 2008. Partitioning of splash and storage during raindrop impacts on banana leaves［J］. Agricultural and Forest Meteorology，148：991-1004.

Beysens D，Steyer A，Guenoun P，et al. 1991. How does dew form［J］. Phase Transitions，31：219-246.

Bhushan B，Jung Y C. 2011. Natural and biomimetic artificial surfaces for superhydrophobicity，self-cleaning，low adhesion，and drag reduction［J］. Progress in Materials Science，56（1）：1-108.

Bondada B R，Oosterhuis D M，Murphy J B，et al. 1996. Effect of water stress on the epicuticular wax composi-tion and ultrastructure of cotton（*Gossypium Hirsutum* L.）leaf，bract，and boll［J］. Environmental and Ex-perimental Botany，36（1）：61-69.

Boyce R L，McCune D C，Berlyn G P. 1991. A comparison of foliar wettability of red spruce and balsam fir grow-ing at high elevation［J］. New Phytologist，117：543-555.

Bradley D J，Gilbert G S，Parker I M. 2003. Susceptibility of clover species to fungal infection：The interaction of leaf surface traits and the environment［J］. American Journal of Botany，90（6）：857-864.

Brewer C A，Nuñez C I. 2007. Patterns of leaf wettability along an extreme moisture gradient in western Patagonia，Argentina［J］. International Journal of Plant Sciences，168（5）：555-562.

Brewer C A，Smith W K. 1994. Influence of simulated dewfall on phytosynthesis and yield in soybean（*Glycine max*［L.］Merr. CV Williams）with different trichome densities［J］. International Journal of Plant Sciences，155（4）：460-466.

Brewer C A，Smith W K. 1995. Leaf surface wetness and gas exchange in the pond lily *Nuphar polysepalum*（Nym-phaeaseae）［J］. American Journal of Botany，82（10）：1271-1277.

Brewer C A，Smith W K. 1997. Patterns of leaf surface wetness for montane and subalpine plants［J］. Plant，

Cell & Environment, 20: 1-11.

Brewer C A, Smith W K, Vogelmann T C. 1991. Functional interaction between leaf trichomes, leaf wettability and the optical properties of water droplets [J]. Plant, Cell & Environment, 14 (9): 955-962.

Bunster L, Fokkema N J, Schippers B. 1989. Effect of surface-active *Pseudomonas* spp. on leaf wettability [J]. Applied and Environmental Microbiology, 55 (6): 1340-1345.

Burkhardt J, Eiden R. 1990. The ion concentration of dew condensed on Norway spruce (*Picea abies* (L.) Karst.) and Scots pine (*Pinus sylvestris* L.) needle [J]. Tree, 4: 22-26.

Burkhardt J, Eiden R. 1994. Thin water films on coniferous needles: A new device for the study of water vapour condensation and gaseous deposition to plant surfaces and particle samples [J]. Atmospheric Environment, 28: 2001-2011.

Burkhardt J, Peters K, Crossley A. 1995. The presence of structural surface waxes on coniferous needles affects the pattern of dry deposition of fine particles [J]. Journal of Experimental Botany, 46 (288): 823-831.

Burton Z, Bhushan B. 2006. Surface characterization and adhesion and friction properties of hydrophobic leaf surfaces [J]. Ultramicroscopy, 106 (8-9): 709-719.

Calder I R, Hall R L, Rosier P T W, et al. 1996. Dependence of rainfall interception on drop size: 2. Experimental determination of the wetting functions and two-layer stochastic model parameters for five tropical tree species [J]. Journal of Hydrology, 185: 379-388.

Callies M, Quéré D. 2005. On water repellency [J]. Soft Matter, 1: 55-61.

Cape J N, Paterson I S, Wolfenden J. 1989. Regional variation in surface properties of Norway spruce and scots pine needles in relation to forest decline [J]. Environmental Pollution, 58 (4): 325-342.

Cassie A, Baxter S. 1944. Wettability of porous surfaces [J]. Transactions of the Faraday Society, 40: 546-551.

Cook M. 1980. Peanut leaf wettability and susceptibility to infection by *Puccinia arachidis* [J]. Phytopathology, 70 (8): 826-830.

Crisp D J. 1963. The retention of aqueous suspensions on leaf surfaces [J]. Waterproofing and Water Repellency, 14: 416-481.

Dai L L, Li P, Shang B, et al. 2017. Differential responses of peach (*Prunus persica*) seedlings to elevated ozone are related with leaf mass per area, antioxidant enzymes activity rather than stomatal conductance [J]. Environmental Pollution, 227: 380-388.

Deguchi A, Hattori S, Park H T. 2006. The influence of seasonal changes in canopy structure on interception loss: application of the revised Gash mode [J]. Journal of Hydrology, 318: 80-102.

Dzierzanowski K, Popek R, Gawrońska H, et al. 2011. Deposition of particulate matter of different size fractions on leaf surfaces and in waxes of urban forest species [J]. International Journal of Phytoremediation, 13 (10): 1037-1046.

Evans L S, Albury K, Jennings N. 1996. Relationships between anatomical characteristics and ozone sensitivity of leaves of several herbaceous dicotyledonous plant species at Great Smoky Mountains National Park [J]. Environmental and Experimental Botany, 36 (4): 413-420.

Faini F, Labbé C, Coll J. 1999. Seasonal changes in chemical composition of epicuticular waxes from the leaves of *Baccharis linearis* [J]. Biochemical Systematics and Ecology, 27: 673-679.

Ferdinand J A, Frederichsen T S, Kouterick K B, et al. 2000. Leaf morphology and ozone sensitivity of two open pollinated genotypes of black cherry (*Prunus serotina*) seedlings [J]. Environmental Pollution, 108 (2): 297-302.

Fogg G E. 1947. Quantitative studies on the wetting of leaves by water [J]. Proceeding of the royal Society of London. (Series B. Biological Science), 134 (877): 503-522.

Fowkes F M. 1962. Determination of interfacial tensions, contact angles, and dispersion forces in surfaces by assuming additivity of intermolecular interactions in surfaces [J]. The Journal of Physical Chemistry, 66: 382.

Freer-Smith P H, Bechett K P, Taylor G. 2005. Deposition velocities to *Sorbus aria*, *Acerc ampestre*, *Populus deltoids×trichocarpa* 'Beaupre', *Pinus nigra* and *Cupressocyparis leylandii* for coarse, fine and ultra-fine particles in the urban environment [J]. Environmental Pollution, 133: 157-167.

Freer-Smith P H, Holloway S, Goodman A. 1997. The uptake of particulates by an urban woodland: Site description and particulate composition [J]. Environmental Pollution, 95: 27-35.

Furlan C M, Santos D, Salatino A, et al. 2006. n-alkine distribution of leaves of *Psidium guajava* exposed to industrial air pollutants [J]. Environmental and Experimental Botany, 58: 100-105.

Fürstner R, Barthlott W, Neinhuis C, et al. 2005. Wetting and self-cleaning properties of artificial superhydrophobic surfaces [J]. Langmuir, 21: 956-961.

Gratani L, Crescente M F, Petruzzi M. 2000. Relationship between leaf life-span and photosynthetic activity of *Quercus ilex* in polluted urban areas (Rome) [J]. Environmental Pollution, 110: 19-28.

Guo Z G, Liu W M. 2007. Biomimic from the superhydrophobic plant leaves in nature: Binary structure and unitary structure [J]. Plant Science, 172: 1103-1112.

Haines B L, Jernstedt J A, Neufeld H S. 1985. Direct foliar effects of simulated acid rain [J]. New Phytologist, 99: 407-416.

Hall D M, Burke W. 1974. Wettability of leaves of a selection of New Zealand plants [J]. New Zealand Journal of Botany, 12: 283-298.

Hanba Y T, Moriya A, Kimura K. 2004. Effects of leaf surface wetness and wettability on photosynthesis in bean and pea [J]. Plant, cell and Environment, 27: 413-421.

Hershko V, Nussinovitch A. 1998. Physical properties of alginate-coated onion (*Allium cepa*) skin [J]. Food Hydrocolloids, 12 (2): 195-202.

Holder C D. 2007. Leaf water repellency of species in Guatemala and Colorado (USA) and its significance to forest hydrology studies [J]. Journal of Hydrology, 336: 147-154.

Holloway P J. 1969. The effects of superficial wax on leaf wettability [J]. Annals of Applied Biology, 63 (1): 145-153.

Honour S L, Bell J N B, Ashenden T W, et al. 2009. Responses of herbaceous plants to urban air pollution: Effects on growth, phenology and leaf surface characteristics [J]. Environmental Pollution, 157 (4): 1279-1286.

Hu J J, Xing Y W, Su T, et al. 2019. Stomatal frequency of *Quercus glauca* from three material sources shows the same inverse response to atmospheric p CO_2 [J]. Annals of Botany, 123: 1147-1158.

Huber L, Gillepsie T J. 1992. Modeling leaf wetness in relation to plant disease epidemiology [J]. Annual Review of Phytopathology, 30: 553-577.

Jahan S, Zafar I M. 1992. Morphological and anatomical studies of leaves of different plants affected by motor vehicles exhaust [J]. Journal of Islamic Academy of Sciences, 5 (1): 21-23.

Jetter R, Schäffer S. 2001. Chemical composition of the *Prunus laurocerasus* leaf surface. Dynamic changes of the epicuticular wax film during leaf development [J]. Plant Physiology, 126: 1725-1737.

Jim C Y, Chen W Y. 2008. Assessing the ecosystem service of air pollutant removal by urban trees in Guangzhou (China) [J]. Journal of Environmental Management, 88: 665-676.

参考文献

Kardel F, Wuyts K, Babanezhad M, et al. 2012. Tree leaf wettability as passive bio- indicator of urban habitat quality [J]. Environmental and Experimental Botany, 75: 277-285.

Khavaninzadeh A R, Veroustraete F, Buytaert J A N, et al. 2014. Leaf injury symptoms of *Tilia* sp. as an indicator of urban habitat quality [J]. Ecological Indicators, 41: 58-64.

Klaassen W, Bosveld F, de Water E. 1998. Water storage and evaporation as constituents of rainfall interception [J]. Journal of Hydrology, 212-213: 36-50.

Klamerus- Iwan A E, Bolońska E, Lasota J, et al. 2018. Seasonal variability of leaf water capacity and wettability under the influence of pollution in different city zones [J]. Atmospheric Pollution Research, 9 (3): 455-463.

Klisaric N B, Miljkovi C D, Arvamov S, et al. 2014. Fluctuating asymmetry in *Robinia pseudoacacia* leaves-possible in situ biomarker [J]. Environmental Science and Pollution Research, 21 (22): 12928-12940.

Knoll D, Schreiber L. 1998. Influence of epiphytic micro- organisms on leaf wettability: Wetting of the upper leaf surface of *Juglans regia* and of model surfaces in relation to colonization by micro-organisms [J]. New Phytologist, 140: 271-282.

Koch K, Bhushan B, Barthlott W. 2009. Multifunctional surface structures of plants: An inspiration for biomimetics [J]. Progress in Materials Science, 54: 137-178.

Koch K, Ensikat H J. 2008. The hydrophobic coatings of plant surfaces: Epicuticular wax crystals and their morphologies, crystallinity and molecular self-assembly [J]. Micron, 39 (7): 759-772.

Koch K, Hartmann K D, Schreiber L, et al. 2006. Influences of air humidity during the cultivation of plants on wax chemical composition, morphology and leaf surface wettability [J]. Environmental and Experimental Botany, 56 (1): 1-9.

Kolodziejek I, Waleza M, Mostowska A. 2006. Morphological, histochemical and ultrastructural indicators of maize and barley leaf senescence [J]. Biologia Plantarum, 50: 565-573.

Kozlov M V, Niemelä P, Junttila J. 2002. Needle fluctuating asymmetry is a sensitive in dicator of pollution impact on Scots pine (*Pinus sylvestris*) [J]. Ecological Indicators, 1: 271-277.

Kulshreshtha K, Farooqui A, Srivastava K, et al. 1994. Effect of diesel exhaust pollution on cuticular and epidermal features of *Lantana camera* L. and *Syzygium cuminii* L (Skeel) [J]. Journal of Environmental Science and Health, 29: 301-308.

Kumar N, Pandey S, Bhattacharya A, et al. 2004. Do leaf surface characteristics affect *Agrobacterium* infection in tea [*Camellia sinensis* (L.) O Kuntze] [J]. Journal of Biosciences, 29 (3): 309-317.

Kuo K C, Hoch H C. 1996. Germination of *Phyllosticta ampelicida* Pycnidiospores: Prerequisite of adhesion to the substratum and the relationship of substratum wettability [J]. Fungal Genetices and Biology, 20: 18-29.

Kurtz E B. 1950. The relation of the characteristics and yield of wax to plant age [J]. Plant Physiology, 25 (2): 269-278.

Lee S M, Lee H S, Kim D S, et al. 2006. Fabrication of hydrophobic films replicated from plant leaves in nature [J]. Surface & Coatings Technology, 201: 553-559.

Ma M, Hill R M, Lowery J L, et al. 2005. Electrospun poly (styrene-block-dimethysiloxane) block copolymer fibers exhibiting superhydrophobicity [J]. Langmuir, 21 (12): 5549-5554.

Madsen T V, Sand-Jensen K. 1991. Photosynthetic carbon assimilation in aquatic macrophytes [J]. Aquatic Botany, 41: 5-40.

Mechaber W L, Marshall D B, Mechaber R A, et al. 1996. Mapping leaf surface landscapes [J]. Proceedings of the National Academy of Sciences of the United States of America, 93 (10): 4600-4603.

Meusel I, Neinhuis C, Markstadter C, et al. 1999. Ultrastructure, chemical composition, and recrystallization of epicuticular waxes: transversely ridged rodlets [J]. Canada Journal of Botany, 77: 706-720.

Mitrović M, Pavlović P, Djurdjević L, et al. 2006. Differences in Norway maple leaf morphology and anatomy among polluted (Belgrade city parks) and unpolluted (Maljen Mt.) landscapes [J]. Ekologia, 25 (2): 126-137.

Müller C, Riederer M. 2005. Plant surface properties in chemical ecology [J]. Journal of Chemical Ecology, 31 (11): 2621-2651.

Neinhuis C, Barthlott W. 1997. Characterization and distribution of water-repellent, self-cleaning plant surfaces [J]. Annals of Botany, 79: 667-677.

Neinhuis C, Barthlott W. 1998. Seasonal changes of leaf surface contamination in beech, oak, and ginkgo in relation to leaf micromorphology and wettability [J]. New Phytologist, 138: 91-98.

Nobel P S. 1991. Physicochemical and Environmental Plant Physiology [M]. San Diego: Academic Press.

Nowak D J, Crane D E, Stevens J C. 2006. Air pollution removal by urban trees and shrubs in the United States [J]. Urban Forestry & Urban Greening, 4: 115-123.

Nowak D J, Hirabayashi S, Bodine A, et al. 2013. Modeled $PM_{2.5}$ removal by trees in ten US cities and associated health effects [J]. Environmental Pollution, 178: 395-402.

Otten A, Herminghaus S. 2004. How plants keep dry: A physicist's point of view [J]. Langmuir, 20 (6): 2405-2408.

Owens D K, Wendt R C. 1969. Estimation of the surface free energy of polymers [J]. Journal of Applied Polymer Science, 13: 1741-1747.

Pal A, Kulshreshtha K, Ahmad K J, et al. 2002. Do leaf surface characters play a role in plant resistance to auto-exhaust pollution [J]. Flora, 197: 47-55.

Pandey A K, Ghosh A, Agrawal M, et al. 2018. Effect of elevated ozone and varying levels of soil nitrogen in two wheat (Triticum aestivum L.) cultivars: Growth, gas-exchange, antioxidant status, grain yield and quality [J]. Ecotoxicology & Environmental Safety, 158: 59-68.

Pandey S, Nagar P K. 2003. Patterns of leaf surface wetness in some important medicinal and aromatic plants of Western Himalaya [J]. Flora, 198: 349-357.

Patankar N A. 2003. On the modeling of hydrophobic contact angle on rough surfaces [J]. Langmuir, 19 (4): 1249-1253.

Percy K E, Baker E A. 1987. Effects of simulated acid rain and production, morphology and composition of epicuticular wax and on cuticular membrane development [J]. New Phytologist, 107: 577-589.

Percy K E, Baker E A. 1988. Effects of simulated acid rain on leaf wettability, rain retention and uptake of some inorganic ions [J]. New Phytologist, 108 (1): 75-82.

Perkins M C, Roberts C J, Briggs D, et al. 2005. Surface morphology and chemistry of Prunus laurocerasus L. leaves: A study using X-ray photoelectron spectroscopy, time-of-light secondary-ion mass spectrometry, atomic-force microscopy and scanning-electron microscopy [J]. Planta, 221 (1): 123-134.

Pinon J, Frey P, Husson C. 2006. Wettability of poplar leaves influences dew formation and infection by Melampsora larici-populina [J]. Plant Disease, 90: 177-184.

Qi J Y, Wang Y, Yu T, et al. 2014. Auxin depletion from leaf primordia contributes to organ patterning [J]. Proceedings of the National Academy of Sciences, 111 (52): 18769-18774.

Qin X B, Sun N, Ma L X. 2014. Anatomical and physiological responses of Colorado blue spruce to vehicle exhausts [J]. Environmental Science and Pollution Research, 21 (18): 11094-11098.

参考文献

Raina A K. 1981. Movement, feeding behavior and growth of lavae of the sorghum wheat fly, Atherigona soccata [J]. Insect Science and its Application, 2: 77-81.

Rao A V, Kulkarni M M, Pajonk D P, et al. 2003. Synthesis and characterization of hydrophobic silica aerogels using trimethylethoxysilane as a co-precursor [J]. Journal of Sol-Gel Science and Technology, 27 (2): 103-109.

Rashidi F, Jalili A, Kafaki S B, et al. 2012. Anatomical responses of leaves of Black Locust (*Robinia pseudoacacia* L.) to urban pollutant gases and climatic factors [J]. Trees, 26 (2): 363-375.

Retting J E, Fuller R C, Corbett A T, et al. 1997. Fluctuating asymmetry indicates levels of competition in an even-aged poplar clone [J]. Oikos, 80: 123-127.

Riederer T, Schneider G. 1990. The effect of the environment on the permeability and composition of *Citrus* leaf cuticles II. Composition of soluble cuticular lipids and correlation with transport properties [J]. Planta, 180: 154-165.

Rosado B H P, Oliveiral R S, Aidar M P M. 2010. Is leaf water repellency related to vapor pressure deficit and crown exposure in tropical forests [J]. Acta Oecologica, 36: 645-649.

Schreuder M D J, van Hove L W A, Brewer C A. 2001. Ozone exposure affects leaf wettability and tree water balance [J]. New Phytologist, 152: 443-454.

Shadrina E, Volpert Y, Soldatova V, et al. 2015. Evaluation of environmental conditions in two cities of east Siberia using bioindication methods (fluctuating asymmetry value and mutagenic activity of soils) [J]. International Journal of Biology, 7 (1): 20-32.

Shen Q, Ding H G, Zhong L. 2004. Characterization of the surface properties of persimmon leaves by FT-Raman spectroscopy and wicking technique [J]. Colloids and Surfaces B: Biointerfaces, 37: 133-136.

Shepherd T, Robertson G W, Griffiths D W, et al. 1995. Effects of environment on the composition of epicuticular wax from kale and swede [J]. Phytochemistry, 40 (2): 407-417.

Skoss J D. 1955. Structure and composition of plant cuticle in relation to environmental factors and permeability [J]. Botanical Gazette, 117 (1): 55-72.

Smith W K, McClean T M. 1989. Adaptive relationship between leaf water repellency, stomatal distribution, and gas exchange [J]. American Journal of Botany, 76 (3): 465-469.

Statler G D, Nordgaard J T. 1980. Leaf wettability of wheat in relation to infection by *Puccinia recondite* f. sp. tritici [J]. Ecology and Epidemiology, 70 (7): 641-643.

Sun T L, Wang G J, Liu H, et al. 2003. Control over the wettability of an aligned carbon nanotube film [J]. Journal of the American Chemical Society, 125 (49): 14996-14997.

Sæbø A, Popek R, Nawrot B, et al. 2012. Plant species differences in particulate matter accumulation on leaf surfaces [J]. Science of the Total Environment, 427-428: 347-354.

Takamatsu T, Sase H, Takada J. 2001. Some physiological properties of *Cryptomeria japonica* leaves from Kanyo, Japan: Potential factors causing tree decline [J]. Canadian Journal of Forest Research, 31 (4): 663-672.

Tanakamaru S, Takehana T, Kimura K. 1998. Effect of rainfall exposure on leaf wettability in near-isogenic barley lines with different leaf wax content [J]. Journal of Agricultural Meteorology, 54 (2): 155-160.

Taylor G E. 1978. Plant and leaf resistance to gaseous air pollution stress [J]. New Phytologist, 80: 532-534.

Turunen M, Huttunen S, Percy K E, et al. 1997. Epicuticular wax of subarctic Scots pine needles: Response of sulphur and heavy metal deposition [J]. New Phytologist, 135: 501-515.

van Oss C J. 1993. Acid-base interfacial interactions in aqueous media [J]. Colloids and Surfaces A: Physicochemical and Engineering Aspects, 78 (15): 1-49.

Velickovic M, Perisic S. 2006. Leaf fluctuating asymmetry of common plantain as an indicator of habitat quality

［J］. Plant Biosystems, 140 (2): 138-145.

Velickovic M, Savic T. 2012. Patterns of leaf asymmetry changes in *Plantago major* (ssp. major) natural populations exposed to different environmental conditions ［J］. Plant Species Biology, 27: 59-68.

Viscosi V. 2015. Geometric morphometrics and leaf phenotypic plasticity: Assessing fluctuating asymmetry and allometry in European white oaks (*Quercus*) ［J］. Botanical Journal of the Linnean Society, 179 (2): 335-348.

Wagner P, Fürstner R, Barthlott W, et al. 2003. Quantitative assessment to the structural basis of water repellency in natural and technical surfaces ［J］. Journal of Experimental Botany, 54 (385): 1295-1303.

Wang D G, Wang G L, Anagnostou E N. 2007. Evaluation of canopy interception schemes in land surface models ［J］. Journal of Hydrology, 347: 308-318.

Wang H X, Shi H, Li Y Y, et al. 2013. Seasonal variations in leaf capturing of particulate matter, surface wettability and micromorphology in urban tree species ［J］. Frontiers of Environmental Science & Engineering, 7 (4): 579-588.

Wang H X, Shi H, Wang Y H. 2015. Effects of weather, time, and pollution level on the amount of particulate matter deposited on leaves of *Ligustrum lucidum* ［J］. The Scientific World Journal, 8: 935-942.

Watanabe T, Mizutani K. 1996. Model study on micrometeorological aspects of rainfall interception over an evergreen broad-leaved forest ［J］. Agriculture and Forest Meteorology, 80: 195-214.

Watanabe T, Yamaguchi I. 1991. Evaluation of wettability of plant leaf surface ［J］. Journal of Pesticide Science, 16: 491-498.

Weiss A. 1988. Contact angle of water droplets in relation to leaf water potential ［J］. Agricultural and Forest Meteorology, 43: 251-259.

Wenzel R N. 1936. Resistance of solid surfaces to wetting by water ［J］. Industrial & Engineering Chemistry, 28: 988-994.

Wilson T B, Bland W L, Norman J M. 1999. Measurement and simulation of dew accumulation and drying in potato canopy ［J］. Agriculture and Forest Meteorology, 93: 111-119.

Wohlfahrt G, Bianchi K, Cernusca A. 2006. Leaf and stem maximum water storage capacity of herbaceous plants in a mountain meadow ［J］. Journal of Hydrology, 319: 383-390.

Woo K S, Fins L, McDonald G I, et al. 2002. Effects of nursery environment on needle morphology of *Pinus Monticola* Dougl. and implication for tree important programs ［J］. New Forests, 24 (2): 113-129.

Wuytack T, Wuyts K, Vand S, et al. 2011. The effect of air pollution and other environmental stressors on leaf fluctuating asymmetry and specific leaf area of *Salix alba* L. ［J］. Environmental Pollution, 159 (10): 2405-2411.

Xiao Q F. 2002. Rainfall interception by Santa Monica's municipal urban forest ［J］. Urban Ecosystems, (6): 291-302.

Yoshimitsu Z, Nakajima A, Watanabe T, et al. 2002. Effects of surface structure on the hydrophobicity and sliding behavior of water droplets ［J］. Langmuir, 18 (15): 5818-5822.

Young T. 1805. An essay on the cohesion of fluids ［J］. Philosophical Transactions of the Royal Society of London, 95: 65-87.

Zisman W A. 1964. Contact angle, wettability, and adhesion, copyright, advances in chemistry series ［J］. American Chemical Society, 9 (63): 513.

Šikalo Š, Ganić E N. 2006. Phenomena of droplet-surface interactions ［J］. Experimental Thermal and Fluid Science, 31: 97-110.

附　录

正文中出现的植物中文名及拉丁名

艾 *Artemisia argyi* H. Lév. & Vaniot

八角金盘 *Fatsia japonica*（Thunb.）Decne. & Planch.

白车轴草 *Trifolium repens* L.

白刺花 *Sophora davidii* var. *davidii*

白花甘蓝 *Brassica oleracea* var. *albiflora* Kuntze

白桦 *Betula platyphylla* Sukaczev

白蜡树 *Fraxinus chinensis* Roxb.

白柳 *Salix alba* L.

白皮松 *Pinus bungeana* Zucc. ex Endl.

白颖薹草 *Carex duriuscula subsp. rigescens*（Franch.）S. Y. Liang & Y. C. Tang

北沙柳 *Salix psammophila* C. Wang & C. Y. Yang

菜豆 *Phaseolus vulgaris* L.

蚕豆 *Vicia faba* L.

草木樨 *Melilotus officinalis*（L.）Pall.

侧柏 *Platycladus orientalis*（L.）Franco

柴胡 *Bupleurum chinense* DC.

朝天委陵菜 *Potentilla supina* L.

垂柳 *Salix babylonica* L.

刺槐 *Robinia pseudoacacia* L.

翠菊 *Callistephus chinensis*（L.）Nees

大豆 *Glycine max*（L.）Merr.

大果越橘 *Vaccinium macrocarpon* Ait.

大戟 *Euphorbia pekinensis* Rupr.

大麦 *Hordeum vulgare* L.

大叶黄杨 *Buxus megistophylla* H. Lév.

地锦 *Parthenocissus tricuspidata*（Siebold & Zucc.）Planch.

地榆 *Sanguisorba officinalis* L.

杜梨 *Pyrus betulifolia* Bunge

杜仲 *Eucommia ulmoides* Oliv.

鹅绒藤 *Cynanchum chinense* R. Br.

二球悬铃木 *Platanus acerifolia* Willd.

飞廉 *Carduus nutans* L.

甘蓝 *Brassica oleracea* var. *Capitata* L.

刚毛忍冬 *Lonicera hispida* Pall. ex Schult.

冈尼桉 *Eucalypus gunnii* var. *undulata* Rehder

刚竹 *Phyllostachys sulphurea* var. *viridis* R. A. Young

狗尾草 *Setaria viridis* L.

枸骨 *Ilex cornuta* Lindl. & Paxton

构树 *Broussonetia papyrifera* （L.） L'Hér. ex Vent.

桂樱 *Prunus laurocerasus* L.

海桐 *Pittosporum tobira* （Thunb.） W. T. Aiton

海芋 *Alocasia odora* （Roxb.） K. Koch

旱金莲 *Tropaeolum majus* L.

杭子梢 *Campylotropis macrocarpa* （Bunge） Rehder

蒿属 *Artemisia* Linn.

荷花玉兰 *Magnolia grandiflora* L.

黑弹树 *Celtis bungeana* Blume

黑桦 *Betula dahurica* Pall.

黑杨 *Populus nigra* L.

黑樱桃 *Cerasus maximowiczii* Rupr.

胡桃 *Juglans regia* L.

胡颓子 *Elaeagnus pungens* Thunb.

胡枝子 *Lespedeza bicolor* Turcz.

虎尾草 *Chloris virgata* Sw.

虎榛子 *Ostryopsis davidiana* Decne.

互叶醉鱼草 *Buddleja alternifolia* Maxim.

华北白前 *Cynanchum komarovii* （Maxim.） Hemsl.

槐 *Sophora japonica* var. *japonicum* （L.） Schott

黄背勾儿茶 *Berchemia flavescens* （Wall.） Brongn.

黄刺玫 *Rosa xanthina* Lindl.

黄精 *Polygonatum sibiricum* Redouté

黄荆 *Vitex negundo* L.

黄栌 *Cotinus coggygria* Scop

黄杨 *Buxus sinica* （Rehder & E. H. Wilson） M. Cheng

灰栒子 *Cotoneaster acutifolius* Turcz.

鸡爪槭 *Acer palmatum* Thunb. in Murray

蒺藜 *Tribulus terrester* L.

加杨 *Populus×canadensis* Moench

荚蒾 *Viburnum dilatatum* Thunb. in Murray

剑叶沿阶草 *Ophiopogon jaburan*（Siebold）Lodd.

金茅 *Eulalia speciosa*（Debeaux）Kuntze

金钱槭 *Dipteronia sinensis* Oliv.

荆条 *Vitex negundo* var. *heterophy lla*（Fanch.）Rehder

酒神菊属 *Baccharis linearis*

菊芋 *Helianthus tuberosus* L.

苦荬菜 *Ixeris polycephala* Cass. ex DC.

苦参 *Sophora flavescens* Aiton

连翘 *Forsythia suspensa*（Thunb.）Vahl

莲 *Nelumbo nucifera* Gaertn.

龙芽草 *Agrimonia pilosa* Ledeb.

陆地棉 *Gossypium hirsutum* L.

芦苇 *Phragmites australis*（Cav.）Trin. ex Steud.

栾树 *Koelreuteria paniculata* Laxm.

萝卜 *Raphanus sativus* L.

落花生 *Arachis hypogaea* L.

牻牛儿苗 *Erodium stephanianum* Willd.

毛白杨 *Populus tomentosa* Carrière

毛梾 *Swida walteri* Wangerin

毛樱桃 *Cerasus tomentosa* Thunb.

茅莓 *Rubus parvifolius* L.

美人蕉 *Canna indica* L.

美人梅 *Prunus blireana* cv. Meiren

蒙古栎 *Quercus mongolica* Fisch. ex Ladeb.

木槿 *Hibiscus syriacus* L.

木樨 *Osmanthus fragrans*（Thunb.）Lour.

墓头回 *Parinia heterophylla* Bunge

南蛇藤 *Celastrus orbiculatus* Thunb.

南天竹 *Nandina domestica* Thunb.

柠条锦鸡儿 *Caragana korshinskii* Kom.

牛尾蒿 *Artemisia dubia* Wall. ex Bess.

女贞 *Ligustrum lucidum* W. T. Aiton

欧洲赤松 *Pinus sylvestris* L.

欧洲银冷杉 *Abies alba* Mill

欧洲水青冈 *Fagus sylvatica* L.

欧洲油菜 *Brassica napus* L.

欧洲云杉 *Picea abies*（L.）H. Karst.

枇杷 *Eriobotrya japonica*（Thunb.）Lindl.

平车前 *Plantago depressa* Willd.

葡萄 *Vitis vinifera* L.

朴树 *Celtis sinensis* Pers.

槭属 *Acer* Linn.

青榨槭 *Acer davidii* Franch.

苘麻 *Abutilon theophrasti* Medikus

日本柳杉 *Cryptomeria japonica*（Thunb. ex L. f.）D. Don

日本小檗 *Berberis thunbergii* DC.

日本续断 *Dipsacus japonicus* Miq.

乳浆大戟 *Euphorbia esuld* L.

箬竹 *Indocalamus tessellatus*（Munro）P. C. Keng

三脉紫菀 *Aster ageratoides* Turcz.

沙蒿 *Artemisia desertorum* Spreng.

沙棘 *Hippophae rhamnoides* L.

沙芦草 *Agropyron mongolicum* Keng

砂珍棘豆 *Oxytropis racemosa* Turcz.

山蓼 *Oxyria digyna*（L.）Hill

山桃 *Prunus davidiana*（Carrière）Franch.

山杏 *Armeniaca sibirica* L.

山杨 *Populus davidiana* Dode

山樱花 *Prunus serrulata* Lindl.

山楂 *Crataegus pinnatifida* Bunge

珊瑚树 *Viburnum odoratissimum* Ker Gawl

蛇莓 *Duchesnea indica*（Andrews）Teschem.

石楠 *Photinia serratifolia*（Desf.）Kalkman

水稻 *Oryza sativa* L.

睡莲 *Nuphar polysepalum*

花旗松 *Populus menziesii*（Mirb.）Franco

踏郎 *Hedysarun mongolicum* Turcz.

桃 *Prunus persica*（L.）Batsch

甜菜 *Beta vulgaris* L.

豌豆 *Pisum sativum* L.

五叶地锦 *Parthenocissus quinquefolia*（L.）Planch.

细裂叶莲蒿 *Artemisia gmelinii* Weber ex Stechm.

夏栎 *Quercus robur* L.

向日葵 *Helianthus annuus* L.

小麦 *Triticum aestivum* L.

小叶黄杨 *Buxus sinica* var. *parvifolia* M. Cheng

小叶女贞 *Ligustrum quihoui* Carrière

小叶杨 *Populus simonii* Carrière

斜茎黄芪 *Astragalus adsurgens* Jacq.

新疆白芥 *Sinapis arvensis* L.

兴山榆 *Ulmus bergmanniana* C. K. Schneid.

绣线菊 *Spiraea salicifolia* L.

雪松 *Cedrus deodara*（Roxb.）G. Don

羊草 *Leymus chinensis*（Trin. ex Bunge）Tzvelev

羊须草 *Carex callitrichos* V. I. Krecz. in Komarov

阳芋 *Solanum tuberosum* L.

野艾蒿 *Artemisia lavandulaefolia* DC. Prodr

野甘蓝 *Brassica oleracea* L.

野棉花 *Anemone vitifolia* Buch. - Ham. ex DC.

野迎春 *Jasminum mesnyi* Hance

银杏 *Ginkgo biloba* L.

樱桃李 *Prunus cerasifera* Ehrh.

硬质早熟禾 *Poa sphondylodes* Trin.

油松 *Pinus tabulaeformis* Carr.

榆树 *Ulmus pumila* L.

榆叶梅 *Prunus triloba* Lindl.

玉兰 *Yulania denudata*（Desr.）D. L. Fu

玉蜀黍 *Zea mays* L.

芋 *Colocasia esculenta* L.

元宝槭 *Acer truncatum* Bunge

月季花 *Rosa chinensis* Jacq.

杂交杨树 *Populus* spp.

枣 *Ziziphus jujuba* Mill.

朝阳隐子草 *Cleistogenes hackelii*（Honda）Honda

针茅 *Stipa capillata* L.

中亚天仙子 *Hyoscyamus pusillus* L.

紫丁香 *Syringa oblata* Lindl.

紫花地丁 *Viola philippica* Cav.

紫荆 *Cercis chinensis* Bunge

紫苜蓿 *Medicago sativa* L.

紫穗槐 *Amorpha fruticosa* L.

紫薇 *Lagerstroemia indica* L.

棕榈 *Trachycarpus fortunei*（Hook.） H. Wendl.

附

录